AF389879

L'INFECTION MICROBIENNE
ET L'IMMUNITÉ

CHEZ LA MITE DES ABEILLES
GALLERIA MELLONELLA

MONOGRAPHIES DE L'INSTITUT PASTEUR

S. MÉTALNIKOV

DE L'INSTITUT PASTEUR

L'INFECTION MICROBIENNE ET L'IMMUNITÉ
CHEZ LA MITE DES ABEILLES
GALLERIA MELLONELLA

MASSON ET Cie ÉDITEURS
LIBRAIRES DE L'ACADÉMIE DE MÉDECINE
120, BOULEVARD SAINT-GERMAIN, PARIS (VIe)
1927

AVANT-PROPOS

Quiconque s'est occupé d'apiculture connaît bien les Fausses Teignes par le tort qu'elles font à la ruche.

La Fausse Teigne (*Galleria mellonella*) est connue depuis la plus haute antiquité.

Aristote, dans le livre IX de ses œuvres, met en garde les agriculteurs contre le papillon gris qui vole la nuit. Ce papillon, dit-il, s'introduit dans la ruche pour y laisser ses excréments d'où naissent des vers spéciaux qui dévorent la cire.

Virgile mentionne, dans ses œuvres, la Fausse Teigne qu'il qualifie de « durum tinea genus ».

Au XVIIᵉ siècle, l'illustre physicien français Réaumur a écrit une étude très détaillée sur la biologie de cet intéressant insecte (1).

Il a décrit, avec beaucoup de détails et de précision, la vie et la structure de la Fausse Teigne, sa nutrition, ses modes de reproduction.

Toutes les publications périodiques consacrées à l'apiculture, jusqu'à ces tout derniers temps, contiennent un grand nombre d'articles et de notices sur les Fausses Teignes.

Dans tous ces articles et mémoires, il est surtout question de la vie et des mœurs de cet animal, ainsi que des moyens de lutter contre lui.

Je ne sais pourquoi, on n'a presque pas touché à la question de l'organisation interne et à la physiologie de l'insecte ;

(1) M. de Réaumur, *Fausses Teignes. Mémoires pour servir à l'histoire des insectes*, T. III, 1737.

pourtant, au point de vue physiologique et anatomique, il offre un intérêt particulier.

En effet, la chenille de la *Galleria* est le seul animal qui se nourrisse de cire, c'est-à-dire d'une substance ne pouvant servir d'aliment aux autres animaux.

L'observation directe nous apprend que les chenilles de la *Galleria* se nourrissent même de cire purifiée ne contenant aucun mélange azoté. Si cette observation se confirmait, nous aurions là un fait non seulement singulier, mais tout à fait paradoxal, la cire, comme on le sait, ne contenant point d'azote. S'il en est ainsi, on se demande alors où la chenille prend l'azote nécessaire à la formation de l'albumine. Comment se fait la digestion de la cire, quel est le rôle de la cire dans la nutrition de la *Galleria* ?

Je me suis proposé de répondre à toutes ces questions. Les études que j'ai entreprises à cet effet, non seulement m'ont fourni les réponses attendues, mais encore m'ont conduit à rechercher le mécanisme de l'immunité naturelle et acquise chez les chenilles et en particulier dans le cas, si intéressant, de la tuberculose.

OBSERVATIONS BIOLOGIQUES
SUR LES CHENILLES
DE *GALLERIA MELLONELLA*

La *Galleria* appartient à la famille de papillons, les « Galle-ridés », groupe des « Pyralidines » ; elle se distingue des autres genres de cette famille de l'Europe centrale par les veinules divisées (3-e et 4-e) de l'aile postérieure.

Le devant de la tête est couvert d'une crête d'écailles proéminente. Les antennes labiales du mâle sont d'une longueur modérée, faisant saillie vers le haut : leur partie terminale est recourbée en dedans ; chez la femelle, elle est plus longue que chez le mâle.

La *Galleria* ne vit pas longtemps à l'état d'insecte parfait. Peu après l'accouplement, les femelles commencent à pondre : elles collent leurs œufs à divers objets au moyen d'un oviducte assez long.

Les conditions de vie de la femelle sont d'une grande importance pour la ponte. Si l'on enferme une femelle dans un flacon vide, elle peut mourir sans pondre un seul œuf ; mais, si dans le même flacon, on met de petits morceaux de cire, de bois ou de papier, la femelle commence vite à pondre des œufs qu'elle tâche de coller dans une fissure ou dans un pli du papier.

Si l'on serre la femelle assez fort entre les doigts pour qu'elle semble morte, elle tâche de pondre ses œufs pendant les derniers moments de sa vie. Son oviducte sort au dehors. Délaissée, elle tourne de tous les côtés, essayant de trouver un objet quelconque auquel elle puisse coller un œuf.

Si l'oviducte se heurte contre un objet dur ou contre une de ses ailes, l'œuf sort de l'oviducte et s'y colle. J'ai souvent observé le même fait dans les cas où j'anesthésiais la femelle à l'éther, ou bien quand je lui coupais la tête.

Les papillons auxquels j'avais coupé la tête conservaient pendant quelques jours presqu'autant de vitalité que les papillons normaux. Ordinairement le papillon dont on vient

Fig. I.

a. — Papillon normal de *Galleria mell.* (grandeur naturelle).
b. — Papillon, provenant de chenille nourrie avec de la cire pure (grandeur naturelle).

de couper la tête reste immobile au même endroit. Si on le tourne sur le dos, il se retourne vite et se remet dans sa première position. J'ai souvent observé la ponte chez des papillons qui avaient la tête coupée, surtout chez ceux auxquels on l'avait coupée pendant la ponte.

Les œufs de *Galleria* ont l'aspect de petits grains blancs et ronds. Au bout de 8 à 10 jours, de très petits vers-chenilles blancs sortent des œufs, d'où ils se mettent à courir rapidement à la recherche de la nourriture.

Les chenilles croissent vite dans des conditions favorables.

Au bout d'une semaine, elles atteignent de 5 à 8 mm. ; au bout de 15 jours, 1 cm. Trois semaines après leur sortie de l'œuf, elles atteignent leur limite de croissance, c'est-à-dire de 28 à 30 mm.

La chenille adulte de *Galleria* a l'aspect d'un petit ver épais brun-grisâtre. Sa tête, d'un jaune-brun, est petite. La chenille a 8 paires de petites pattes.

On sait que ces insectes habitent la ruche, au milieu de dangers sans nombre, puisqu'ils sont entourés d'ennemis, les abeilles. Cependant, ils n'ont aucun organe de défense. Leurs téguments sont mous, un aiguillon pourrait les percer facilement.

Dans ces conditions, ils seraient sans difficulté tués et détruits par les abeilles, s'ils ne savaient se bâtir une habitation toute spéciale.

Chaque chenille se bâtit une galerie à part, où elle demeure comme chez elle.

La construction commence peu après la naissance.

D'abord la jeune chenille se construit un petit étui-maisonnette, fait de débris de cire et d'un fil de soie, que la chenille sécrète par une ouverture spéciale placée sur le côté inférieur de la tête. Au fur et à mesure de sa croissance,

Fig. II.

a. — Chenille adulte (grandeur naturelle).
b. — Chrysalide (grandeur naturelle).

elle agrandit cet étui et le transforme en une galerie qu'elle fait passer dans la cire des rayons de miel ou à leur surface extérieure.

La galerie se compose d'un tissu que la larve tisse avec un fil fin de soie blanche. Au dehors, elle colle les parois de la galerie avec des débris de cire ou avec ses propres excréments pour donner plus de solidité à la construction.

La galerie n'a qu'une seule ouverture par laquelle la larve avance sa tête protégée par de petits écussons. Pour évacuer, la chenille se retourne et fait sortir hors de la galerie son extrémité postérieure. La chenille passe tout son temps à l'intérieur de la galerie où elle rampe en avant et en arrière.

Avant de commencer à faire son cocon, elle sort de la galerie en rampant et s'efforce de se rapprocher de l'ouverture extérieure. Là elle file autour de son corps un cocon qui se colle solidement aux parois du vase. Pendant ce temps, elle cesse de manger et diminue considérablement tant de volume que de poids.

La chenille reste immobile dans son cocon pendant quelques jours. Puis, la partie antérieure de son corps se recourbe un peu vers l'abdomen ; après un faible laps de temps, la chenille rejette sa peau et se transforme en chrysalide.

Au début, la chrysalide est jaune-pâle, mais peu après elle brunit et prend finalement une nuance brun vif, plus foncée à sa surface dorsale. L'insecte reste à l'état de chrysalide 10, 15, même 18 jours : cela dépend de la température. A des températures assez élevées (39°, 40°), j'ai réussi à réduire la durée du stade chrysalidal à 7 jours. Avec le temps, la cuticule de la chrysalide se pigmente de plus en plus. Un peu avant la transformation de la chrysalide en papillon, sa couleur devient brun-foncé. Enfin, la peau se fend sur le dos ; il en sort un papillon.

Au commencement, les ailes du papillon sont si petites et si recroquevillées qu'elles ne lui servent pas pour voler. En revanche, il court très vite et se met à l'abri des poursuites. Puis les petites ailes commencent à se redresser et à augmenter de dimension. Dans l'espace de 30 à 40 minutes, elles atteignent leur grandeur normale sous les yeux de l'observateur.

Ainsi, toute la période de développement de *Galleria* dure de 6 à 7 semaines :

Le développement des œufs dure de 8 à 10 jours.

Le développement des chenilles dure de 21 à 25 jours.

Le développement des chrysalides dure de 10 à 25 jours.

C'est la température qui influence surtout la marche du développement. Aux basses températures (au-dessous de 10°), le développement et la croissance des chenilles s'arrêtent complètement. Les chenilles cessent de manger et de se mouvoir, comme si elles tombaient dans la somnolence hivernale. Dans cet état, elles peuvent rester sans donner aucun signe de vie pendant plusieurs semaines jusqu'à ce que la température s'élève. Alors elles se raniment et reprennent leur vie normale. Aux températures plus élevées (15 à 20°), les chenilles conservent la faculté de se nourrir

et de se mouvoir, mais leur cycle vital dure plus longtemps. Ainsi, si l'on place les chenilles dans telles ou telles
conditions de température, on peut, à volonté, réduire ou
prolonger leur cycle vital. L'optimum de température pour
le développement des chenilles de *Galleria* se trouve entre
30° et 40°. A cette température, les chenilles conservent
leur faculté de reproduction toute l'année, donnant naissance à des générations qui se succèdent tant en hiver qu'en
été.

C'est ainsi qu'une culture de *Galleria* vit dans les ther-
mostats de l'Institut Pasteur depuis plus de 7 ans.

Il est opportun de dire ici quelques mots sur la température du corps des chenilles elles-mêmes. Comme tous les
autres insectes, les chenilles de *Galleria* n'ont pas une température constante. Cette température dépend complètement
du milieu extérieur.

Cela est vrai, si l'on a affaire seulement à une ou à quelques chenilles, mais si l'on en a un grand nombre (200-
300) dans un seul vase, la température de toute cette masse
est parfois beaucoup plus élevée que celle du milieu extérieur. M. Girard, qui a fait toute une série de mensurations,
a attiré en son temps l'attention sur ce fait. D'après ses
observations, la température des chenilles allait jusqu'à 36°9
et même 39°9, tandis que la température de l'air extérieur
ne dépassait pas 11°.

Moi aussi, j'ai pris à plusieurs reprises la température des
chenilles, tant en hiver qu'en été. Dans certains cas, la
température dépassait légèrement 40° ; dans 3 ou 4 cas,
j'ai même relevé une température de 42°, alors que la température au dehors n'était pas supérieure à 20-25°.

C'est notamment par cette faculté des chenilles de *Galleria* de conserver la température élevée nécessaire à leur
développement que s'explique le fait que l'on trouve la *Galleria* même dans le Nord, où la température de l'air n'atteint
jamais 20° en été. Il ne faut pas oublier, en outre, que les
abeilles, d'après plusieurs observateurs, possèdent la même
faculté d'élever la température de leur propre ruche indé-
pendamment de la température extérieure.

La même aptitude des chenilles à se réchauffer les unes

les autres et à élever par un commun effort la température du milieu où elles habitent expliquerait leur tendance à la vie collective.

Il m'est quelquefois arrivé d'observer la préférence indiscutable des chenilles pour la vie commune ; cela frappe surtout à l'époque de la formation des cocons, lorsqu'elles sortent de leurs galeries en vue de chercher une bonne place pour fixer et filer leur cocon. Dans ces cas il n'est pas rare qu'elles se réunissent et fassent leurs cocons l'une à côté de l'autre, formant ainsi des masses continues de cocons serrées de très près.

Plusieurs des observateurs qui ont étudié les chenilles de *Galleria*, en décrivent ordinairement deux espèces : l'une, la grande, dite *Galleria mellonella*, dont je viens de parler, l'autre, *Achræa grisella*.

Le papillon de cette dernière espèce est beaucoup plus petit, il a les ailes gris-cendré et la tête jaune, ce qui le fait distinguer nettement des papillons de *Galleria mellonella*. Les chenilles de l'*Achræa grisella* ressemblent tellement par leur extérieur aux chenilles de *Galleria mellonella* qu'il est assez difficile de les distinguer, surtout aux premiers stades de leur développement.

Elles ont aussi l'aspect de petits vers blancs, rampant vite en avant et en arrière ; elles se nourrissent également de rayons de miel et construisent des galeries en soie et des cocons qu'elles collent à l'extérieur avec leurs déjections.

Il est vrai qu'elles sont un peu moins grandes que les chenilles de *Galleria*, mais cette différence n'est pas essentielle, étant donné que les chenilles de *Galleria* peuvent être bien au-dessous de la normale quand elles sont mal nourries.

Malgré la grande ressemblance de structure, de mode de nutrition et de genre de vie, les chenilles d'*Achræa grisella* se distinguent de celles de *Galleria* par quelques traits secondaires permettant toujours de déterminer sûrement l'espèce de chenilles dont il s'agit.

Tandis que les chenilles de *Galleria*, pour consolider leurs galeries et leurs cocons, ne collent pas trop fort leurs demures avec les débris de cire et les déjections (elles laissent très souvent les cocons et même les galeries presqu'entièrement découverts), les chenilles de l'*Achræa grisella* collent leurs cocons et leurs galeries avec leurs excréments noirs d'une façon si serrée qu'on ne voit pas à travers cette enveloppe le tissu soyeux qui forme la base de toute construction exécutée par les chenilles.

J'ai pu, en outre, noter une particularité intéressante qui permet de distinguer immédiatement une chenille d'*Achræa grisella* de celle de *Galleria mellonella*.

Si l'on prend une chenille de *Galleria* et qu'on l'irrite avec le doigt ou un objet quelconque, elle essaie de fuir, en avant ou en arrière.

Telle n'est pas la manière de faire de la chenille de l'*Achræa* : à la moindre irritation, elle reste dans la situation où elle se trouvait et elle simule la mort. Cependant, cela ne dure pas longtemps. Au bout de quelques secondes, elle essaie de fuir et cela jusqu'à nouvelle provocation.

Nul doute que cette particularité ne se rapporte à sa défense. Il se peut que les abeilles, principales ennemies de cet insecte, soient induites en erreur par cette ruse et laissent tranquilles les chenilles supposées mortes. Malheureusement, l'occasion m'a manqué de m'en persuader par l'expérience.

Ce qui me surprend le plus, c'est le fait que des différences si insignifiantes dans le mode de construction des cocons et des galeries ainsi que dans la façon de réagir contre l'irritation se conservent avec tant de fixité chez chacune de ces deux espèces d'insectes, dont les manières de vivre et de se nourrir se ressemblent si absolument.

Tout cela souligne une fois de plus la puissance et la constance des instincts qui dirigent les insectes dans tous les phénomènes de leur vie. Un fait d'aussi peu d'importance que l'utilisation plus ou moins grande des excréments pour la formation du cocon est conservé avec une constance surprenante par chaque espèce et se transmet de génération en génération, sans que les petits aient jamais vu ou connu leurs ascendants.

II

STRUCTURE DES ORGANES DIGESTIFS

CHEZ LES CHENILLES

DE *GALLERIA MELLONELLA*

Bien que la *Galleria mellonella* soit connue depuis des temps très reculés, nous manquions jusqu'à présent de description plus ou moins complète, plus ou moins exacte de l'organisation intérieure de cet intéressant insecte.

Voilà pourquoi, avant de parler de l'alimentation, je dois m'arrêter à la structure de ses organes digestifs.

Si nous disséquons une chenille par le côté ventral tout le long de son corps nous remarquerons, d'abord que l'intestin et le système trachéen sont extrêmement développés (v. fig. III). L'intestin de la chenille a la forme d'un long tube étroit qui s'étend de la tête jusqu'à l'extrémité postérieure du corps.

Sur toute son étendue il est soutenu par une série de grandes vésicules trachéennes situées des deux côtés de l'intestin ainsi que cela se voit dans la figure III. On compte dix paires de ces vésicules. De chacune des vésicules part une quantité énorme de tubules ramifiées se rendant dans les parois de l'intestin. Cette structure du système trachéen indique que l'intestin a besoin de beaucoup d'air, probablement pour les processus d'oxydation qui s'y produisent pendant la décomposition de la cire.

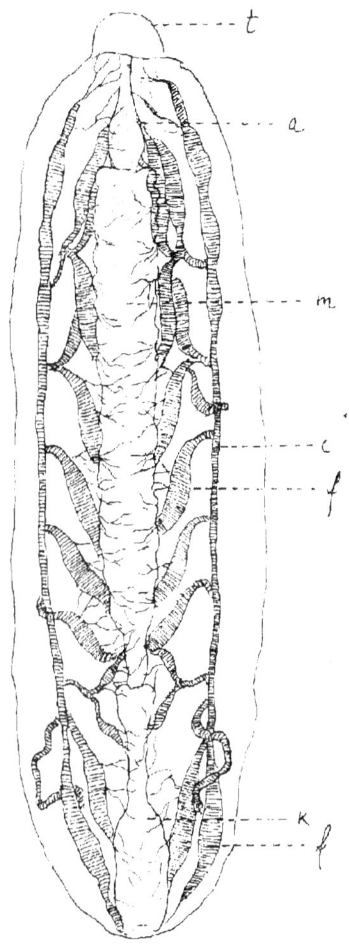

Fig. III.

Cavité interne de la chenille.

a. — Intestin antérieur ; *m.* — Intestin moyen ; *k.* — Intestin terminal ; *c.* — Trachées ; *f.* — Vésicules trachéennes ; *t.* — Tête.

On sait que dans l'intestin des insectes on distingue trois parties : l'antérieure, la moyenne et la terminale. L'intestin

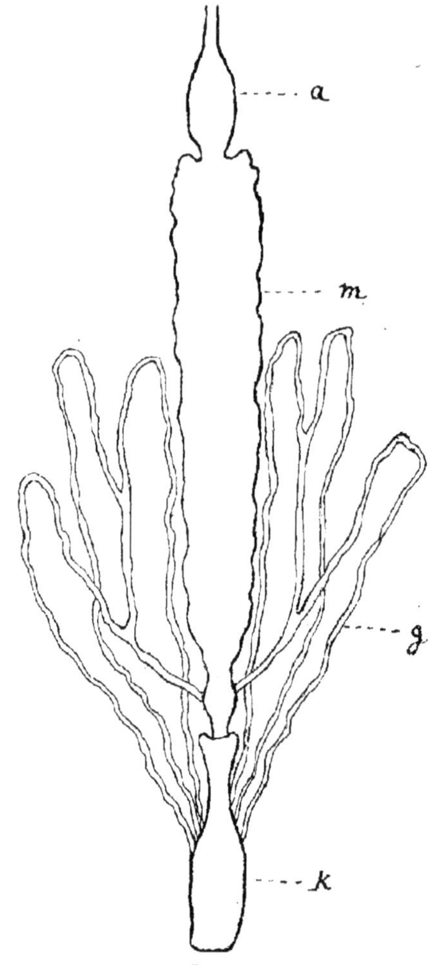

Fig. IV.

Intestin de la chenille.

a. — Intestin antérieur; *m.* — Intestin moyen; *k.* — Intestin terminal;
g. — Tubes de Malpighi.

antérieur est directement relié à l'ouverture buccale et sert
à recevoir la nourriture et à la transmettre aux autres parties
de l'intestin, où ont lieu la digestion et l'absorption. L'intestin antérieur joue le rôle d'un organe où les aliments
subissent une transformation préalable. On y observe une
partie spéciale, où se trouvent des formations chitineuses
dures, en forme de râpes et de petites dents qui servent à
broyer les aliments. Son prolongement, l'intestin moyen,
se distingue par l'absence de couche chitineuse ; il est couvert de cellules glandulaires et joue le rôle d'organe principal de la digestion (1).

Enfin, l'intestin terminal est par excellence, l'organe de

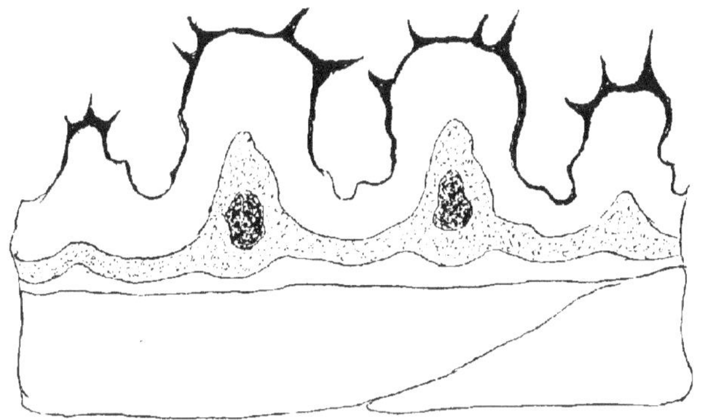

Fig. V.

Coupe transversale de quelques cellules épithéliales de l'intestin antérieur
m. — Muscles.
d.   Dents chitineuses.

formation et d'évacuation des excréments hors de l'organisme. Chez les chenilles de *Galleria*, ces trois parties sont
bien distinctes (v. fig. IV).

L'intestin antérieur commence par une cavité buccale
assez large qui mène au jabot. Le jabot se prolonge un peu

(1) S. MÉTALNIKOV, Recherches expérimentales sur les chenilles de
Galleria mellon., *Arch. de Zool. expér.*, IVᵉ série, Tome VIII,
p. 489-588, 1908.

en arrière et s'élargit peu à peu. Puis vient le proventricule ou estomac-masticateur, muni de grandes dents chitineuses.

L'intestin moyen est beaucoup plus long que l'intestin antérieur. Il a l'aspect d'un tube cylindrique assez large, se rétrécissant un peu vers l'extrémité postérieure. L'intestin terminal, comme l'antérieur, est composé de plusieurs parties. En haut se trouve un petit tube court, muni d'une riche musculature, l'iléum. Les vaisseaux de MALPIGHI s'ouvrent dans cette partie de l'intestin. L'iléum se jette dans l'intestin grêle qui, assez large au commencement, se rétrécit ensuite continuellement (v. fig. V) et passe au côlon. Le côlon offre une dilatation assez considérable. Il s'ouvre au dehors par un petit canal.

III

NUTRITION DES CHENILLES
DE *GALLERIA MELLONELLA*

On sait que les chenilles de *Galleria* vivent dans des ruches et se nourrissent de cire, c'est-à-dire d'une substance qui ne contient pas d'azote.

Plusieurs des observateurs qui ont étudié la *Galleria* attestent que ses chenilles, dévorant en grande quantité la cire, ne touchent pas au miel et épargnent les petites abeilles. Tout cela a fait croire que la cire est la seule nourriture spécifique des chenilles de *Galleria*.

Il est vrai que M. Doennioe, qui essaya de résoudre cette question par voie expérimentale, a démontré en son temps que les larves de la *Galleria*, qui vivent dans la cire pure, ne sécrètent pas de fils soyeux et n'atteignent point un développement complet.

Pour l'une et l'autre de ces choses, écrit-il, il faut une nourriture azotée quelconque, le pollen et d'autres substances qu'on trouve dans les alvéoles du rayon de miel.

« Cependant, écrit RAUCHENFELS (1894), les apiculteurs savent bien que les larves de *Galleria* rongent non seulement les rayons de miel fraîchement construits, où l'on n'a pas encore élevé d'abeilles, mais qu'elles apparaissent même à la surface de la cire refondue. En outre, elles peuvent vivre et se développer en ne se nourrissant que de cette cire. »

L'auteur de l'étude en question a mis un jour dans un bocal isolé jusqu'à 200 feuilles de cire artificielle, placées dans de petits cadres spéciaux ; les feuilles étaient suspendues à une distance déterminée l'une de l'autre et l'observateur était absolument tranquille, sûr que les *Galleria* n'y toucheraient pas.

Quelle fut sa surprise, lorsqu'en avril de l'année suivante il aperçut des chenilles sur la plupart des feuilles de cire qui étaient couvertes d'un léger réseau de fils soyeux ; sous les baguettes supérieures des cadres, ainsi que sur les poutres du plafond de la pièce et aux coins des murs il y avait une quantité de cocons, dans plusieurs desquels on trouvait encore des larves bien qu'elles fussent la plupart du temps mortes et desséchées.

« Par conséquent, écrit plus loin RAUCHENFELS, les larves avaient vécu et s'étaient nourries exclusivement de cire ; elles s'étaient développées, avaient tissé leurs cocons et subi toutes leurs métamorphoses jusqu'à l'insecte parfait inclusivement. »

RÉAUMUR (1737) qui, lui aussi, s'occupait de la nutrition des chenilles de *Galleria*, démontrait qu'en cas de manque de nourriture, c'est-à-dire de cire, elles sont capables de vivre de leurs propres excréments pendant une période assez longue. Des chenilles vécurent, en effet, et se développèrent dans ses cartons pendant 7 et 8 ans, bien qu'il n'y ajoutât aucun élément et qu'il n'y eût là que des excréments.

Il observa, en outre, que les chenilles, à défaut de cire, s'adaptaient à une autre nourriture. Il trouva, par exemple, dans son armoire des chenilles de *Galleria* qui se nourrissaient de la reliure de ses livres, de feuilles sèches et de leurs propres excréments.

Enfin, M. BOGDANOFF (1902) a fait des expériences sur l'élevage artificiel des chenilles de *Galleria*.

Il a nourri des chenilles de *Galleria* avec de la cire blanche fraîchement produite et s'est convaincu que les larves ne croissent presque pas avec cette nourriture.

Toutes ces expériences isolées et ces observations, faites par divers auteurs, sont loin de résoudre le problème de la valeur de la cire dans la nutrition des chenilles de *Galleria*.

D'après les uns, les chenilles peuvent se nourrir et se développer avec de la cire pure seule ; d'après les autres, la cire seule ne suffit pas.

Pour expliquer ces divergences et résoudre ce problème,

j'ai fait toute une série d'expériences sur la nutrition des chenilles avec de la cire chimiquement pure ainsi qu'avec d'autres substances.

Les premières expériences que j'ai faites dans cet ordre d'idées confirmèrent au début les observations de RACCIEN-FELS qui affirmait que les chenilles peuvent vivre et se développer dans la cire pure.

Pour mes expériences j'employais de la cire chimiquement pure. On plaçait la cire, broyée ou coupée en petites tranches fines, dans un petit vase, où l'on mettait plusieurs dizaines de petites chenilles de *Galleria*. Plus tard le vase passait dans un thermostat à 35° C. Après un certain laps de temps j'ai trouvé dans le vase des chrysalides normales, puis des papillons qui étaient un peu plus gros que les papillons normaux.

Ayant compté les larves et les papillons restés vivants, je fus convaincu que leur nombre était deux fois inférieur au nombre de chenilles que j'avais prises au début pour l'expérience. Ainsi il est évident qu'une partie des chenilles avait disparu je ne sais où. Le vase ayant été fermé hermétiquement, au moyen d'un bouchon métallique, il fut impossible de supposer qu'il s'en était échappé. D'autre part, je n'ai pu trouver aucune trace des chenilles disparues. Elles avaient évidemment été mangées par celles qui étaient restées vivantes.

J'ai ensuite répété cette expérience à plusieurs reprises ; en fin de compte je me suis persuadé qu'en effet les chenilles s'entredévorent pour compléter la quantité d'azote qui manque à leur nourriture. Donc pour faire régulièrement des expériences sur la nutrition des chenilles, il faut les isoler : c'est alors seulement qu'on peut être sûr que la chenille se nourrit de tels ou tels aliments déterminés.

Depuis lors, j'ai organisé toutes mes expériences concernant la nutrition de la façon suivante :

Je pesais préalablement chaque chenille et la mettais ensuite dans un flacon isolé, avec une nourriture déterminée. Tous les trois ou quatre jours je pesais de nouveau toutes les chenilles en expérimentation.

Les expériences se faisaient à la température de 30° à 35°.

Mais avant de parler des résultats de ces expériences, il

convient de s'occuper de la nourriture normale de ces chenilles, d'autant plus que cette nourriture n'a pas été étudiée jusqu'à présent au point de vue de sa composition chimique.

On sait que les chenilles se nourrissent de cire sèche ne contenant pas de miel ; on a souvent remarqué que la vieille cire sale leur plaisait plus que la fraîche. Ce fait, à lui seul, permet déjà de supposer que, dans l'alimentation des chenilles, ce n'est pas seulement la cire qui a de l'importance, mais aussi tout ce qui peut y être mélangé.

Même un examen superficiel permet de remarquer dans la cire divers corps étrangers, tels que le pollen, les pellicules de larves d'abeilles, etc., etc.

L'analyse chimique des rayons de miel prouve également qu'ils contiennent, outre la cire, jusqu'à 30 p. 100 de divers mélanges, dont environ 2,28 p. 100 d'azote.

Les rayons de miel qui servent de nourriture aux chenilles de *Galleria* contiennent tant de corps azotés, qu'on se demande naturellement si la cire est en effet un élément indispensable de la nutrition des chenilles ou bien si celles-ci peuvent facilement s'en passer. Pour résoudre cette question j'ai organisé des expériences précises sur la nutrition des chenilles tant avec de la cire pure qu'avec ses composants.

NUTRITION DES CHENILLES AVEC DE LA CIRE PURE

Si l'on isole de très petites chenilles (de 0 gr. 005 à 0 gr. 015) et qu'on les alimente ensuite de cire pure, elles n'augmentent pas de poids, bien qu'elles ne meurent pas non plus. Avant de devenir des chrysalides, elles diminuent un peu de poids, comme cela se produit d'habitude, avec la nutrition normale. Puis elles se métamorphosent en chrysalides qui finissent par se dessécher.

Si nous prenons des chenilles plus âgées (de 0 gr. 025 à 0 gr. 040 et plus), nous constatons souvent, pendant les premiers jours de nutrition avec de la cire pure, une légère augmentation de poids qui provient probablement de l'utilisation de l'azote se trouvant dans l'intestin au début de l'expérience ; puis le poids reste stationnaire ; enfin, il diminue légèrement un peu avant que la chenille devienne chrysalide ; ce qui arrive d'une façon normale. Au bout de quelques jours, un papillon, beaucoup plus petit qu'un papillon normal, sort de la chrysalide. La grosseur du papillon dépend de la grosseur de la chenille qu'on a prise pour l'élevage. Plus la chenille est petite, plus le papillon l'est aussi.

Ainsi, j'ai réussi à élever de très petits papillons dont le poids était presque 10 fois au-dessous de la normale. Tandis que le papillon normal pèse 0 gr. 100 à 0 gr. 125, ceux que j'ai élevés ne pesaient pas plus de 0 gr. 013-0 gr. 015 (v. fig. 1).

Le plus petit papillon éclos chez moi venait d'une chenille de 0 gr. 025. Son poids était de 0 gr. 013. C'était une petite femelle. Quand je lui ai adjoint un papillon mâle, celui-ci entra en grand rut, mais il lui fut impossible de s'accoupler avec le petit papillon femelle. Il serait, certainement, intéressant de savoir si ces spécimens nains peuvent se reproduire et si leur progéniture diffère en quoi que ce soit des insectes normaux.

Ainsi, nous basant sur les expériences qui viennent d'être décrites, nous arrivons aux conclusions suivantes : les chenilles de *Galleria* ne croissent point, ni n'augmentent de poids, si on les nourrit de cire pure, ce qui s'explique facilement par le fait que cette alimentation ne contient point d'azote, indispensable à la production des albuminoïdes.

Néanmoins les chenilles continuent à vivre et se métamorphosent en chrysalides et en papillons.

Ce fait mérite d'autant plus de retenir l'attention qu'en général, on considère l'état de larve comme la période d'accumulation des substances alimentaires qui serviront à la formation du corps de l'insecte adulte. Dans notre cas, les chenilles ne font pas de provisions nouvelles, elles diminuent même un peu de poids, et cependant elles se transforment tout de même en temps voulu en chrysalides et en papillons.

Toutes ces expériences prouvent que la cire pure n'est pas la nourriture complète qui peut satisfaire les chenilles. Voilà pourquoi, uniquement nourries de cire pure, elles cherchent à compléter l'azote qui leur manque, ou bien en s'entredévorant ou bien en se procurant de la nourriture azotée quelque part, tout à côté, si possible.

S'il en est ainsi, la question se pose tout naturellement de savoir quel est le rôle de la cire dans la nutrition des chenilles.

NUTRITION DES CHENILLES
AVEC DES ALIMENTS AZOTÉS

Tout d'abord j'ai essayé de nourrir les chenilles avec les produits azotés que nous trouvons dans les rayons de miel. A cet effet je traitai à la benzine et au chloroforme de vieux rayons de miel pour en éliminer toute la cire. Comme résultat j'obtins une masse alvéolaire sombre contenant jusqu'à 2 p. 100 d'azote ainsi que nous l'avons vu plus haut. Les chenilles la mangeaient volontiers, mais, à mon plus grand étonnement, elles n'augmentaient point de poids, tout comme si elles étaient nourries avec de la cire pure.

Le tableau I représente les résultats de l'alimentation des chenilles avec les substances azotées qu'on trouve dans les rayons de miel.

Les chenilles non seulement n'augmentent ni de volume, ni de poids avec cette alimentation ; au contraire elles maigrissent graduellement et finissent par se dessécher complètement, sans se transformer en papillons.

Si nous comparons les résultats de l'alimentation avec de la cire pure avec ceux de la nutrition avec les corps azotés des rayons de miel, nous verrons que ces corps azotés seuls sont encore moins propres à l'alimentation que la cire pure. Néanmoins, nourries de cire pure, les chenilles ne diminuent presque pas de poids et se métamorphosent normalement en chrysalides et en papillons. Ici, au contraire, aucune chenille n'est devenue papillon.

Si l'on prend de jeunes chenilles et qu'on les nourrisse avec des corps azotés, aucune d'entre elles n'arrive au delà du stade de chrysalide, celle-ci finissant par se dessécher complètement.

La nourriture azotée, sans cire, ne suffit pas à l'alimentation normale des chenilles, et la nourriture azotée que nous obtenons en traitant les résidus des rayons de miel par le chloroforme est absolument impropre à l'alimentation. Donc il faut trouver une autre nourriture. A cet effet, j'ai essayé de nourrir les chenilles avec différents aliments tels que l'albumine du sérum, la somatose, la farine, le sucre, etc., etc.

Les résultats de cette alimentation sont consignés dans le tableau II.

TABLEAU I.

Alimentation des chenilles avec les substances azotées qu'on trouve dans les rayons de miel.

NUMÉROS DES EXPÉ-RIENCES	POIDS DES CHENILLES EN GRAMMES						
	Avant l'exp.	le 22 fév.	le 24 fév.	le 27 fév.	le 1 mars	le 3 mars	le 7 mars	le 15 mars
1	0,100	9,100	0,100	0,105	0,098	0,90	0,90	chrys.
2	0,037	0,037	0,034	0,034	0,032	0,023	chrys.	desséch.
3	0,050	0,055	0,050	0,048	0,045	0,040	0,40	desséch.
4	0,034	0,034	0,037	0,032	0,028	0,23 chrys	desséch	

TABLEAU II.

Nutrition des chenilles avec diverses substances alimentaires.

SUBSTANCES ALIMENTAIRES	POIDS EN GRAMMES DES CHENILLES						
	le 1 mars	le 3 mars	le 5 mars	le 7 mars	le 10 mars	le 15 mars	le 20 mars
Albumine du sé-rum	0,028	0,022	0,020	0,015	mort		
Somatose . . .	0,045	0,040	0,030	0,025	0,020	0,020	mort
Farine	0,040	0,037	0,025	0,020	0,010	mort	
Sucre	0,037	0,032	0,035	0,030	0,025	0,025	mort
Sucre + albumine	0,030	0,026	0,022	0,017	0,010	mort	

Nous voyons d'après les résultats ci-dessus que, nourries avec les aliments les plus substantiels, les chenilles diminuent sensiblement de poids, et, la plupart du temps, meurent. Mais il suffit d'ajouter un peu de cire pure à ces substances ou aux débris azotés de rayons de miel, pour que le tableau change immédiatement. Les chenilles commencent à grandir et à prendre du poids, certes, moins vite que par le système d'alimentation aux rayons de miel, toutefois d'une façon assez sensible.

Ainsi, il est hors de doute que les chenilles ont besoin d'aliments azotés, mais que la cire leur est encore plus nécessaire, puisque, sans elle, elles ne peuvent pas exister du tout. La cire constitue donc l'élément vraiment indispensable de la nourriture des chenilles.

On sait que la cire est une substance composée de nombre d'éléments. Grâce aux recherches de plusieurs savants (JONE, BUCHHOLTZ, BRANDES, BUDE, LÉVY, BOISSENOT, SCHALEIEFF, ANTUSCHEWITSCH, etc.), la composition chimique de la cire a été bien étudiée.

Au moyen de l'alcool, on sépare la cire en deux parties constituantes : la *cérine* soluble dans l'alcool et la *myricine* qui ne s'y dissout pas.

L'élément principal de la cérine est l'*acide cérotique*. D'après les recherches de HENNER, la cire en contient de 13,22 p. 100 à 15,71 p. 100.

La myricine est un éther de l'acide palmitique et de l'alcool myricique. D'après HENNER, la cire contient de 83,73 p. 100 à 89,58 p. 100 de myricine.

La cire contient, en outre, en petites quantités, diverses autres substances, telles que l'acide mélissique et toute une série d'autres acides oléiques.

Toutes ces substances se trouvent dans la cire en quantité si minime que c'est à peine si elles ont une importance quelconque pour l'alimentation des chenilles.

Seules, la myricine et la cérine offrent de l'intérêt pour nos recherches ; nous avons vu plus haut que ces deux substances constituent la grosse masse de la cire. Il est intéressant de déterminer le rôle joué par chacune de ces substances dans l'alimentation des chenilles.

C'est dans cet ordre d'idées que j'ai organisé des expériences sur l'alimentation des chenilles avec de la cérine et de la myricine pures ou mélangées avec des aliments azotés.

TABLEAU III.

Alimentation des chenilles avec les éléments constituants de la cire.

	POIDS DES CHENILLES EN GRAMMES					
	9 sept.	12 sept	14 sept.	16 sept	20 sept.	29 sept.
Myricine	0,030	0,035	0,035	0,032	0,028	0,016 chrys.
Myricine	0,037	0,045	0,045	0,040	0,038	0,035 chrys. pap.
Cérine	0,030	0,029	0,031	0,032	0,030	0,025 chrys.
Cérine	0,031	0,030	0,035	0,030	0,028	0,024 chrys. pap.
Myric. + mél. azot.	0,037	0,042	0,052	0,057	0,050	0,045 chrys. pap.
—	0,040	0,050	0,65	0,080	0,105	0,090 chrys. pap.
Cér. + mél. azot. .	0,030	0,047	0,053	0,058	0,055	0,048 chrys. pap.
—	0,35	0,40	0,62	0,70	0,95	0,080 chrys. pap.

En nourrissant les chenilles avec la cérine ou avec la myricine seule, on obtient à peu près les mêmes résultats que lorsqu'on les nourrit avec la cire pure. Les chenilles n'augmentent ni de poids, ni de volume, néanmoins, elles se transforment en chrysalides et en papillons, si l'on ne prend pas pour l'expérience des chenilles trop petites.

En ajoutant à l'alimentation cérinique ou myricique des aliments azotés, on arrive aux mêmes résultats que si l'on ajoutait ces mêmes aliments azotés à la cire. Les chenilles mangent volontiers ce mélange et leur poids augmente sensiblement.

Je n'ai pu constater aucune différence entre la cérine et la myricine dans la nutrition : ajoutées en quantité suffisante aux aliments azotés, chacune d'elles remplace parfaitement la cire.

C'est d'autant plus étonnant qu'on est dans ce cas en présence de deux combinaisons chimiques absolument différentes, la cérine étant composée d'acide cérotique, et la myricine n'étant pas autre chose qu'un éther de l'acide palmitique et de l'alcool myricique.

Comme il entre des acides gras dans la composition de ces deux substances, j'ai essayé de leur substituer un acide gras quelconque ; j'ai donc donné à manger aux chenilles de l'acide palmitique ou stéarique seuls ou avec des aliments azotés (T. IV).

TABLEAU IV.

Alimentation des chenilles avec les acides gras.

	POIDS DES CHENILLES EN GRAMMES					
	21 nov.	23 nov.	27 nov.	30 nov.	4 déc	10 déc.
Acide palmitique . .	0,030	0,030	0,028	mort		
Acide stéarique . . .	0,039	0,035	0,30	mort		
Acide palmitique + aliments azotés . . .	0,030	0,030	0,030	0,28	0,020 chrys.	desséch.
Acide stéarique + aliments azotés . . .	0,032	0,032	0,035	0,038	0,025 chrys.	desséch.

Dans la nutrition des chenilles avec des acides gras purs, on constate ordinairement que les chenilles diminuent rapidement de poids et périssent. Il est indubitable que les acides gras à l'état pur, non seulement ne peuvent remplacer la cire, mais sont même nuisibles et les chenilles les supportent mal.

Mélangés aux aliments azotés, les acides gras ne peuvent pas non plus remplacer la cire.

Certes, les chenilles vivent alors assez longtemps et se métamorphosent même en chrysalides, mais dans ce cas, nous avons presque le même tableau que dans la nutrition des chenilles avec les aliments azotés seuls, sans cire.

Maintenant qu'il est établi que la cire ou un de ses principaux éléments constituants jouent le premier rôle dans la nutrition des chenilles, il serait très intéressant de déterminer avec précision le rôle joué par la cire dans l'alimentation des chenilles.

Pour cela, il nous faut d'abord connaître les modifications chimiques que subit la cire dans l'intestin des chenilles.

TABLEAU V.

Alimentation des chenilles avec les mélanges azotés humectés avec de l'eau.

	POIDS DES CHENILLES EN GRAMMES					
	9 oct.	12 oct.	14 oct.	16 oct.	20 oct.	29 oct.
Mélanges azotés . . .	0,034	0,037	0,037	0,036	0,032	0,025 desséch.
—	0,030	0,030	0,025	0,022	0,012	0,07 mort
Mélanges azotés + eau	0,028	0,040	0,047	0,052	0,059	0,075 chrys.
—	0,030	0,032	0,050	0,075	0,090	0,070 chrys.
FF + cire.	0,030	0,040	0,053	0,058	0,075	0,090

Sans aucun doute, la cire se dissout et est digérée dans l'intestin des chenilles. Une partie de la cire est consommée par l'animal, une autre partie, la plus petite, est évacuée avec les excréments. Les analyses des excréments et des rayons de miel dont se nourrissent les chenilles le prouvent. Tandis que les rayons de miel contiennent jusqu'à 60 p. 100 de cire, on n'en trouve qu'environ 28 p. 100 dans les excréments.

Cette observation nous explique pourquoi les chenilles peuvent se nourrir de leurs propres excréments.

Les chenilles peuvent trouver une nourriture azotée dans

le bois, les plantes ou elles-mêmes ; quant au manque de cire, elles peuvent le compenser en recourant à leurs propres excréments qui contiennent toujours assez de cire.

Pour conclure, j'ai encore à mentionner une observation qui jette une certaine lumière sur l'importance de la cire dans l'alimentation des chenilles.

Si l'on ne donne aux chenilles que les mélanges azotés trouvés dans les rayons de miel, l'animal, comme nous l'avons déjà dit, diminue de poids et périt en fin de compte. Mais il suffit d'humecter avec un peu d'eau ces mélanges azotés pour que les chenilles commencent immédiatement à augmenter de poids comme si l'on y avait ajouté de la cire pure (tableau V).

Tout cela permet de supposer que la cire sert non seulement d'aliment, mais remplace encore pour les chenilles l'eau dont elles sont absolument privées à la ruche.

Il est possible que, sous l'influence des phénomènes d'oxydation, il se produise, dans l'intestin des chenilles, une décomposition des diverses substances constituantes de la cire et qu'il se forme de l'eau pure que l'animal consomme.

IV

DIGESTION

Avant d'aborder l'étude des ferments digestifs des chenilles de *Galleria*, j'ai organisé des expériences pour déterminer les réactions qui permettent à la digestion de se faire dans l'intestin.

On sait que beaucoup d'observateurs, ayant étudié les phénomènes de la digestion chez les insectes, ont fait de pareilles expériences.

Basch (1858) qui a étudié la digestion chez les cafards (*Blatta orientalis*) a trouvé que le contenu de l'œsophage et du jabot a une réaction acide, tandis que le contenu de l'intestin moyen a une réaction neutre dans ses parties supérieures et une réaction alcaline dans ses parties inférieures.

Krukenberg (1878) a constaté la réaction acide dans l'intestin moyen.

Plateau (1874) pensait, au contraire, que les liquides digestifs des insectes sont toujours à réaction alcaline ou neutre. Plus tard il modifia un peu sa manière de voir et démontra que la réaction alcaline ne se constate que chez les insectes granivores, la réaction étant faiblement acide chez les insectes omnivores ou carnivores.

A. Kovalewsky, qui s'occupait de la physiologie des insectes, constata également deux réactions dans l'intestin de certains insectes. D'après lui, l'œsophage et les parties supérieures de l'intestin moyen chez les larves des mouches ont toujours la réaction acide.

Dernièrement, ces questions intéressèrent beaucoup Biedermann (1898) qui a écrit une monographie détaillée sur la digestion des larves du *Tenebrio molitor*. En nourrissant les larves avec de la farine mélangée de tournesol, il observa une coloration rouge de la partie supérieure de l'intestin, tandis que la partie inférieure se colorait toujours en bleu. La question qui attira ensuite son attention, ce fut la nature de l'acide.

Pour la résoudre, il nourrit ses larves avec du rouge Congo qui, on le sait, ne change de couleur que sous l'influence d'acides minéraux libres ; il se trouva en même temps que l'intestin avait toujours la coloration rouge-clair, accusant la réaction alcaline même dans les endroits où auparavant on avait observé la réaction acide lors de l'alimentation au tournesol.

BIEDERMANN en conclut qu'il n'y a pas d'acides minéraux libres dans l'intestin des larves, mais que la réaction acide, accusée par le tournesol, est provoquée probablement par des phosphates acides.

Plus récemment, M. SITOVSKI (1905) a publié une étude, où il décrit ses observations sur les chenilles du *Tineola biselliella*. Il nourrissait également les chenilles avec diverses couleurs et arriva à la conclusion que tout l'intestin est à réaction alcaline, sauf l'intestin terminal qui accuse une réaction acide.

La question de la réaction dans l'intestin des insectes a intéressé plusieurs observateurs, surtout parce que la découverte des réactions acide et alcaline dans telle ou telle partie de l'intestin aurait permis la comparaison avec la digestion dans l'estomac ; on perdait de vue que la réaction acide peut être provoquée non seulement par les acides minéraux libres, mais aussi par de nombreux sels comme l'a démontré BIEDERMANN pour la larve du *Tenebrio molitor*.

Je procédai comme il suit dans mes expériences avec les chenilles de *Galleria*. A la nourriture des chenilles (cire pure ou rayons de miel finement criblés), on ajoutait un peu de couleur, changeant de nuance sous telle ou telle réaction, et puis, après un faible laps de temps, on disséquait la chenille et l'on examinait la couleur de son intestin.

Je donnais à mes chenilles du tournesol, du rouge Congo, de l'alizarine, etc. Toutes ces couleurs ont donné les mêmes résultats. Tout l'intestin des chenilles indiquait la réaction alcaline, sauf la partie terminale qui avait toujours la réaction faiblement acide.

On a donc pu dire *a priori*, sur la base de ces observations, que la digestion des chenilles se fait dans un milieu alcalin. Cette hypothèse s'est complètement justifiée par les expériences ultérieures que j'ai faites pour étudier les phénomènes digestifs *in vitro*.

Dans ce but une grande quantité d'intestins de chenilles furent préparés ; ils furent triturés dans un petit mortier avec du sable et un peu de solution physiologique ou de glycérine à laquelle on ajoutait une faible quantité d'antiseptiques : chloroforme, toluène ou thymol. On laissait ce mélange un moment dans le thermostat, puis on ajoutait le corps à examiner : fibrine, albumine, amidon, cire, etc.

En nous basant sur les nombreuses expériences et observations indiquées ci-dessus, nous arrivâmes aux conclusions suivantes :

La digestion des chenilles de *Galleria mellonella* se fait dans un milieu alcalin. Les expériences tant sur l'alimentation que celles sur les extraits intestinaux le prouvent.

Dans l'intestin des *Galleria*, nous trouvons les ferments suivants :

1° Protéolytique, agissant sur la fibrine ;

2° Amylase, agissant sur l'amidon ;

3° Lactase (présure), agissant sur le lait ;

4° Lipase, agissant sur les graisses.

Quant au ferment spécifique agissant sur la cire, nous sommes obligés de ne nous prononcer à son sujet que d'une façon assez indéterminée. Il paraît que ce ferment existe puisqu'il est indubitable que l'extrait intestinal agit sur la cire, sans parler du fait que la cire se trouve en dissolution dans l'intestin des chenilles. Nous n'avons pas eu l'occasion, il est vrai, d'observer la solution de cire *in vitro* et sa décomposition, ainsi que cela se produit avec les graisses véritables, mais certaines modifications chimiques ont incontestablement lieu. Nous n'avons pas réussi à entrer plus avant dans la nature de ces modifications.

Les expériences sur l'alimentation des chenilles avec la

cire pure et avec ses éléments nous permettent d'arriver aux conclusions suivantes :

Il existe dans l'organisme des chenilles un principe ou des principes dissolvant non seulement les éthers composant la cire (l'éther de l'acide palmitique et de l'alcool myricique), mais aussi les acides (l'acide cérotique). L'une et l'autre substance pouvant servir d'aliment aux chenilles.

V

IMMUNITÉ NATURELLE

ENVERS LES MICROBES ET TOXINES

Malgré toute la clarté apportée à la compréhension de la phagocytose et de l'immunité par les recherches de Metchnikoff sur les invertébrés, l'attention des médecins et des naturalistes n'a été que peu attirée sur l'immunité des animaux inférieurs.

Cependant l'étude des animaux inférieurs est souvent très efficace pour résoudre les problèmes biologiques les plus compliqués.

Les invertébrés sont-ils capables de fabriquer des anticorps ? Quel rôle jouent ces anticorps dans l'immunité naturelle et acquise ? Sont-ils capables d'immunité acquise ? Comment réagissent-ils contre l'introduction des différents microbes et des différentes toxines ? Problèmes du plus haut intérêt pour les biologistes ainsi que pour les médecins.

Jusqu'à ces dernières années, on pensait que les invertébrés étaient très peu aptes à fabriquer les anticorps. On pensait que les anticorps peuvent exister seulement chez les animaux qui possèdent un appareil circulatoire assez compliqué pourvu d'un système capillaire sanguin.

Metchnikoff est le premier qui ait fait des expériences sur les scorpions et les insectes (*Oryctes nasicornis*) en leur injectant des toxines tétaniques. Il n'a pas réussi à obtenir des antitoxines. Cependant il a constaté dans le sang des scorpions l'existence d'un anticorps qui neutralisait leur propre venin. En ajoutant à ce venin le sang du scorpion, il a pu rendre le mélange inoffensif pour la souris (1).

Mesnil ne réussit pas non plus à obtenir des hémolysines en nourrissant les actinies avec du sang coagulé (2).

Les essais de Dungern, qui tentait d'obtenir des précipitines chez un mollusque (*Eledone moschata*) en lui injectant du sang de *Maia squinado*, échouèrent complètement (3).

Les expériences de H. Frédéricq sur les vers à soie et les mollusques donnèrent aussi des résultats négatifs et jamais il n'a pu constater l'apparition des précipitines (4).

Harold Drew échoua également dans ses tentatives pour obtenir des anticorps chez les oursins et chez les mollusques (5).

Dans mes premières recherches sur l'immunité des chenilles de *Galleria mell.* contre la tuberculose, je pensais avoir démontré que la destruction des bacilles tuberculeux avait lieu non seulement dans les phagocytes, mais aussi dans le sang des chenilles *in vitro*.

A Pétersbourg, où je fis ces recherches, j'avais une race de bacilles tuberculeux qui se bactériolysaient très facilement, même *in vitro*. Mais c'était une race exceptionnelle. Toutes celles que j'ai étudiées depuis se montrèrent beaucoup plus résistantes. Ainsi, nous devons admettre que la vraie cause de l'immunité des chenilles contre les bacilles tuberculeux est la phagocytose (6).

Le Dr Nedrigaïloff, qui a étudié l'immunité des chenilles de *Galleria* contre différents microbes, a confirmé le résultat de mes recherches (7) ; il pense que la vraie cause de l'immunité chez les chenilles est la phagocytose.

Le Dr Fiessinger, qui a beaucoup expérimenté avec des chenilles de *Galleria mell.*, arrive aux mêmes conclusions. Il écrit : « Nous avons repris les expériences de Métalnikov

(1) *Immunité dans les maladies infectieuses*, Paris, 1901, p. 373.
(2) *Annales Inst. Pasteur*, 1901, **15**, p. 382.
(3) *Centr. f. Bakt.*, 1903, **34**, p. 355.
(4) *Arch. intern. de Physiol.*, 1910, **10**, p. 39.
(5) *Journ. of Hyg.*, 1911, **11**, p. 188-192.
(6) *Centr. f. Bakt.*, **41** ; *Arch. Sc. Biol.*, **12** et **13**.
(7) *Thèse russe*, 1910, Kharkoff.

et apportons une entière confirmation à ses recherches quant
à la précocité de la phagocytose et à la rapidité de la bactériolyse. En somme, la bactériolyse intraleucocytaire se fait
avec une rapidité surprenante (1) ».

L'inaptitude des invertébrés à produire des anticorps semble donc assez bien établie par des expériences faites sur
différentes espèces. Cependant, la généralisation d'une semblable affirmation nous paraît prématurée.

Nous connaissons chez les invertébrés plusieurs exemples
où l'organisme, s'adaptant à des conditions particulières, est
capable d'élaborer des antiferments spécifiques. Tel est le
ferment anticoagulant des sangsues et des insectes piqueurs.
Telle est l'antitoxine du scorpion, dont l'existence fut
démontrée par Metchnikoff.

Dans les expériences de L. Jammes et Mandoul (2), les
sucs de certains ténias (*T. serrata* et *T. expansa*), parasites
de l'intestin, contiennent des substances bactéricides envers
le bacille typhique et le vibrion cholérique.

Des constatations analogues ont été faites par Cantacuzène chez le crabe (*Carcinus mænas*) parasité par la sacculine (3).

« En traitant une bouillie de sacculine par l'alcool et en
reprenant après l'évaporation le résidu sec par une solution
physiologique, on prépare l'antigène qui sert aux expériences *in vitro* ; on constate alors avec la plus grande évidence
que, tandis que le sérum du crabe normal ne renferme aucun
ambocepteur capable de fixer sur l'antigène une alexine
de cobaye, le sérum de *Carcinus* sacculiné contient une
sensibilisatrice qui absorbe énergiquement cette alexine. »

Le sang d'un autre crustacé (*Eupagurus prideauxii*) hémolyse énergiquement les globules rouges des mammifères.
Cette hémolyse est précédée par une courte phase d'agglutination. Il agglutine aussi les vibrions cholériques ; les
bactéries du groupe *B. coli-typhique* sont immobilisées et
agglutinées rapidement ; mélangé au sérum de lapin ou

(1) *Revue de la tuberculose*, 1910, **7**, p. 192.
(2) *C. R. Acad. Sciences*, 1907, **89**, p. 329.
(3) *C. R. Soc. Biol.*, 1912, **74**, p. 109.

de cheval, le sang d'*Eupagurus* y détermine un précipité. Les injections répétées d'antigène augmentent considérablement ces propriétés et leur confèrent un caractère de spécificité qu'elles ne possédaient pas chez l'animal normal.

Le sérum d'un autre crustacé (*Pagurus Bernhardus*) ne présentant aucun pouvoir hémolytique agglutine énergiquement les globules rouges des mammifères et précipite le sérum de cheval (1). CANTACUZÈNE a obtenu les mêmes résultats chez les Tuniciers (*Phallusia mamillata, Ascidia mentula*). Chez les Ascidies ayant reçu plusieurs injections d'un bacille du groupe du *B. coli*, le pouvoir agglutinant apparaît non pas dans le sérum, mais bien au contact immédiat de certains amibocytes (2).

Tous les essais tentés par M. CANTACUZÈNE pour produire des anticorps chez les Annélides et les Mollusques ont échoué.

Enfin il faut noter les travaux récents de A. PAILLOT, qui a réussi à immuniser les chenilles d'*Agrotis* en leur inoculant une vieille culture de *Bac. melolonthæ non liquefaciens*. Vingt-quatre heures après cette inoculation vaccinale, les chenilles devinrent réfractaires à des doses indubitablement mortelles du même microbe. Il constata alors une transformation extra-cellulaire des microbes en granules, qui commence au bout de dix minutes et est générale au bout de cinq heures.

De cet ensemble de faits, se dégage nettement la conclusion que la faculté de produire des anticorps est beaucoup plus répandue chez les animaux inférieurs qu'on ne le pensait jusqu'à présent.

Cependant nous savons encore très peu de choses sur le rôle de ces anticorps dans l'immunité. Nous en savons encore moins sur les maladies des invertébrés, sur leurs modes de défense contre les microbes les plus dangereux, sur la phagocytose, sur la bactériolyse, etc.

Ce sont ces considérations qui me ramenèrent à l'étude que j'avais entreprise il y a plus de dix ans sur l'immunité

(1) *C. R. Soc. Biol.*, 1919, **82**, p. 1087.
(2) *C. R. Soc. Biol.*, 1919, **82**, p. 1019.

des chenilles de *Galleria mellonella*. Ces chenilles sont particulièrement désignées pour les expériences les plus variées. Ainsi elles pullulent prodigieusement dans les conditions de vie qu'on leur fait au laboratoire ; elles sont extrêmement vivaces et résistantes ; de plus, elles supportent très bien les températures élevées (37°-40°), ce qui est particulièrement important dans l'étude de l'immunité à l'égard des microbes habitués à la température du corps des animaux à sang chaud. Dans toutes mes expériences, je me servais presque exclusivement des chenilles de *Galleria mellonella*.

En injectant les chenilles, il faut prendre garde de ne pas endommager les organes internes, surtout l'intestin, le cœur et les nerfs. C'est pourquoi il faut introduire le bout de la pipette avec beaucoup de précautions sur les côtés de la chenille, mais pas sur le dos ou l'abdomen.

Les chenilles injectées sont placées dans de petits bocaux. Pour retirer de petites quantités de sang, on se sert de tubes capillaires effilés qu'on introduit dans le corps de la chenille infectée. Pour prendre le sang en grande quantité, il faut préalablement désinfecter la chenille en la lavant dans un liquide antiseptique. Je me sers ordinairement de la solution d'acide phénique (2-3 p. 100) où je baigne la chenille pendant 5-10 minutes. Retirées de la solution phéniquée, les chenilles sont lavées dans l'eau oxygénée et dans l'eau distillée stérilisée.

En coupant une des pattes de la chenille et en la pressant légèrement, on peut en retirer quelques gouttes de sang que l'on recueille dans un tube stérilisé. Le sang de chenille est un liquide jaune, transparent, qui ne se coagule pas et ne donne pas de sérum comme le sang des animaux supérieurs.

La coagulation se fait seulement à la surface exposée à l'air ; il s'y forme une pellicule épaisse qui devient, en s'oxydant peu à peu, brun-noir. Sous cette pellicule, le sang reste liquide et transparent pendant très longtemps. C'est ce sang qu'on emploie pour les expériences.

Chose curieuse, plus ce sang reste longtemps en contact avec l'oxygène, plus il est toxique pour les chenilles. Injecté en quantité très petite, il provoque chez les chenilles un évanouissement et même souvent la mort. Cependant la chenille supporte impunément et en grande quantité le sang et le sérum des autres animaux.

En premier lieu je me suis posé la question de savoir comment se comportent les chenilles envers les microbes les plus variés, qui provoquent différentes maladies chez l'homme et chez d'autres animaux.

Dans ce but, je fis un grand nombre d'expériences avec des microbes pathogènes tout aussi bien qu'avec des microbes saprophytes. J'essayais chaque espèce de microbe en préparant deux émulsions, dont l'une plus concentrée que l'autre.

Les expériences étaient faites de la manière suivante : une culture de 24-48 heures sur gélose servait à préparer une émulsion épaisse. Pour préparer une émulsion moins dense, on prélevait une ou deux anses d'émulsion épaisse et on y ajoutait un demi cent. cube d'eau physiologique. Ces émulsions étaient introduites dans la cavité du corps de la chenille à l'aide d'un tube effilé. Avec une certaine habitude, on introduit une quantité de liquide de 1/40 ou 1/80 de cent. cube. Les chenilles ainsi inoculées étaient placées à l'étuve à la température de 37°. A des intervalles de temps précis, on prélevait du sang avec un tube capillaire effilé. Cela permettait de suivre pas à pas le sort des microbes dans l'organisme de la chenille. Pour étudier les changements qui se passent à l'intérieur de l'organisme, il est indispensable de faire des coupes. Les chenilles sont fixées dans une solution bouillante de sublimé corrosif avec acide acétique (5 p. 100) et incluses dans la paraffine d'après les méthodes ordinaires.

Les résultats des expériences sont exposés dans le tableau I.

IMMUNITÉ CHEZ UNE CHENILLE

TABLEAU I.

NOMS DES MICROBES	EFFET D'UNE DOSE		
	forte	faible	
B. tuberculeux humain	o	o	
B. tuberculeux bovin	o	o	
B. tuberculeux aviaire	o	o	
B. tuberculeux pisciaire	o	o	
Paratubere. RABINOWITCH	o	o	
— CROLLIN	o	o	
— GRASSENBERGER	o	o	
B. diphtérique	o	o	
Streptocoque	o	o	Groupe A
B. sporogène	o	o	
Tétanos	o	o	
Sarcine	o	o	
Pseudo-tuberculeux	o	o	
Péripneumonie	o	o	
Staphylocoque blanc	o	o	
Rouget	o	o	
Peste (peu virulent)	o	o	
Peste (très virulent)	+	o	
Staphylocoque doré	+	o	
Charbon	+	o	
Perfringens	+	o	
Vibrion septique	+	o	
OEdème	+	o	
Gonocoque	+	o	Groupe B
Choléra des poules	+	o	
Choléra asiatique	+	o	
B. dysentérique (Shiga)	+	o	
Typhique	+	o	
Paratyphique A	+	o	
Paratyphique B	+	o	
B. coli commun	+	+	
Vibrio METCHNIKOVI	+	+	
B. pyocyanique	+	+	
B. subtilis	+	+	
Anthracoïdes	+	+	
Proteus n° 19 Metz	+	+	Groupe C
Proteus n° 19 Syrie	+	+	
B. DANYSZ	+	+	
B. alvei	+	+	
B. d'HÉRELLE	+	+	
B. galleriæ	+	+	
Micrococcus galleriæ	+	+	

D'après ce tableau, on voit que tous les microbes sur lesquels j'ai expérimenté peuvent être répartis en trois groupes.

Le *premier groupe*, A, contient les microbes pour lesquels les chenilles possèdent une immunité complète. On peut inoculer à ces chenilles non seulement 1/80 de cent. cube d'émulsion microbienne, mais même jusqu'à plus de 1/20 de cent. cube, c'est-à-dire une quantité à peu près égale à la quantité totale du sang de la chenille ; celle-ci non seulement reste vivante et se transforme normalement en chrysalide et en papillon, mais elle détruit les microbes avec une rapidité surprenante. Cette destruction des microbes n'est pas due à ce qu'ils ne peuvent pas vivre dans les humeurs de la chenille où ils seraient dissous ; elle est due à une réaction active des cellules, c'est-à-dire à la phagocytose.

Généralement, tous les processus morbides s'accomplissent très rapidement, en 24-48 heures, surtout à la température de $37°$. Ils sont moins rapides à la température du laboratoire. Si la chenille n'est pas capable de venir à bout en 24 heures des microbes injectés, elle succombe très vite à la septicémie ou à l'intoxication. Si, par contre, elle prend le dessus, la guérison se fait aussi très rapidement.

Le *second groupe*, B, contient les microbes pour lesquels les chenilles ont une immunité incomplète. Elles ne résistent pas à de fortes doses ; elles succombent dans les premières 24-48 heures. Par contre, elles supportent des doses plus faibles et guérissent très rapidement.

Le *troisième groupe*, C, contient des microbes auxquels les chenilles sont très sensibles et vis-à-vis desquels elles ne manifestent aucune immunité. Inoculés même à très petites doses, ils provoquent toujours une infection mortelle. La maladie se développe dès les premières heures et la chenille succombe généralement le lendemain.

En comparant les trois groupes de microbes, on est avant tout frappé par un fait étrange et même paradoxal. Les chenilles sont réfractaires aux microbes pathogènes les plus dangereux, qui provoquent toujours une infection mortelle chez les animaux supérieurs. D'autre part, les chenilles sont très sensibles aux microbes saprophytes ou peu pathogènes que j'ai étudiés.

Quelle est l'explication de ce fait étrange ?

Cela dépendrait-il de ce que les chenilles sont insensibles aux toxines des microbes pathogènes et qu'elles sont sensibles aux sécrétions des microbes saprophytes ?

Pour résoudre cette question, j'ai entrepris toute une série d'expériences avec des toxines solubles et des endotoxines.

En premier lieu, j'ai étudié les toxines solubles, comme la toxine tétanique, diphtérique, botulinique, etc. Injectées même à doses très grandes, elles ne provoquaient aucun trouble chez les chenilles.

EXPÉRIENCE 20. — 5 chenilles reçurent dans la cavité du corps 1/80 de cent. cube de toxine tétanique. 24 heures, 48 heures plus tard, toutes étaient vivantes et se transformaient normalement en chrysalides et papillons.

EXPÉRIENCE 21. — 5 chenilles reçurent 1/80 de cent. cube de toxine diphtérique. 24 heures, 48 heures plus tard, toutes étaient vivantes.

EXPÉRIENCE 25. — 5 chenilles reçurent 1/80 de cent. cube de tuberculine. 24 heures, 48 heures plus tard, toutes étaient vivantes.

EXPÉRIENCE 30. — 5 chenilles reçurent 1/80 de cent. cube d'endotoxine de *Proteus*. 15 heures après l'injection, toutes les chenilles étaient mortes.

Les mêmes expériences furent faites avec les cultures filtrées de *Proteus*, de *Subtilis*, d'*Anthracoïdes*, de bacilles dysentériques, typhiques, etc., c'est-à-dire avec les microbes les plus pathogènes pour les chenilles.

Les filtrats de ces cultures furent injectés à des doses très grandes sans provoquer aucun malaise chez les chenilles.

On peut dire que nos chenilles sont complètement insensibles aux toxines solubles.

La chose se passe autrement si on leur injecte des endotoxines.

Comme on le sait, il y a une grande différence entre les microbes toxigènes tels que le bacille diphtérique et les microbes à endotoxine, tels que le vibrion cholérique, le bacille typhique, etc. Ce sont surtout ces microbes à endotoxine qui sont très toxiques pour les chenilles.

Si nous prenons ces deux microbes en culture, en bouillon, si nous centrifugeons, puis si nous examinons séparément la partie liquide et le dépôt, nous constatons ceci : dans la culture diphtérique, la partie liquide est toxique, tandis que le dépôt l'est à peine ; c'est l'inverse pour la culture cholérique : la partie liquide est très peu active, tandis que le dépôt, même chauffé à 55-60°, est très toxique.

Nous avons préparé des endotoxines de la façon suivante :

La culture de 3-5 jours en bouillon est centrifugée, le dépôt est chauffé à 58° pendant une heure.

EXPÉRIENCE 87. — 5 chenilles reçurent 1/80 de cent. cube de bacilles typhiques, 20 heures après l'injection, toutes les chenilles étaient mortes.

EXPÉRIENCE 89. — 5 chenilles reçurent 1/80 de cent. cube d'endotoxine de bacille paratyphique A, 20 heures après l'injection, toutes les chenilles étaient mortes.

EXPÉRIENCE 90. — 5 chenilles reçurent 1/80 de cent. cube d'endotoxine du bacille coli, 20 heures après l'injection, toutes les chenilles étaient mortes.

EXPÉRIENCE 91. — 5 chenilles reçurent 1/80 de cent. cube d'endotoxine du bacille coli chauffé à 100°, 20 heures après l'injection, toutes les chenilles étaient mortes.

EXPÉRIENCE 92. — 5 chenilles reçurent 1/200 de cent. cube d'endotoxine du bacille coli, 20 heures après l'injection, toutes les chenilles étaient mortes.

J'ai fait les mêmes expériences avec les endotoxines du bacille pyocyanique, prodigiosus, charbon, etc., avec les mêmes résultats ; cela prouve que les microbes pathogènes pour les chenilles agissent principalement par leurs endotoxines, qui sont toujours virulentes pour les chenilles.

En examinant le sang des chenilles qui ont reçu les endotoxines on peut toujours constater la diminution rapide des globules blancs. Ceux qui restent sont souvent gonflés et déformés.

J'ai essayé aussi quelques autres substances toxiques.

Le venin de serpent (cobra) est très toxique pour les chenilles. Injecté même à dose très petite, il tue la chenille instantanément.

La bile est aussi très toxique. 1/160 de cent. cube de bile de bœuf tue la chenille en quelques secondes.

Le sang des autres animaux et d'autres insectes, injecté
en grande quantité, n'agit pas sur les chenilles. Parfois
j'injectais aux chenilles une telle quantité de sang de mou-
ton ou de cobaye qu'elles devenaient rouges, mais cela ne
les empêchait pas de vivre et de se transformer normalement
en chrysalides et en papillons.

Elles sont aussi très peu sensibles aux différentes couleurs
que je leur injectais en quantité colossale.

Toutes nos expériences démontrent que les chenilles sont
en effet douées d'une vitalité et d'une résistance extraordi-
naires contre les microbes et les substances toxiques. On
peut même dire que leur résistance, leur immunité contre
les microbes les plus dangereux, est beaucoup plus forte
que chez les animaux supérieurs. Leurs moyens de défense
contre ces microbes sont beaucoup plus efficaces.

D'après le tableau I ci-dessus, nous voyons que le
groupe A des microbes est complètement inoffensif pour les
chenilles. Ce groupe contient les microbes les plus redou-
tables et les plus résistants.

Le second groupe B, qui contient aussi des microbes très
dangereux, est peu virulent pour les chenilles.

Comme nous l'avons vu, les chenilles résistent très bien
aux faibles doses des microbes du groupe B. Mais ce que
nous appelons une faible dose est en réalité une dose colossale eu égard aux petites dimensions de la chenille.

Nous devons encore noter un fait intéressant. Parmi tous
les microbes avec lesquels nous avons expérimenté (plus de
70 espèces), c'est le bacille tuberculeux qui est le moins
virulent pour les chenilles. Les bacilles tuberculeux, si bien
protégés par leurs capsules cireuses, les bacilles tuberculeux,
si résistants et qui restent vivants pendant des années dans
l'organisme d'un animal supérieur et dans celui de l'homme,
sont complètement inoffensifs pour les chenilles. On peut
leur injecter des quantités formidables de bacilles tuberculeux les plus virulents sans produire aucun trouble. Ce qui
est surtout important, c'est que tous ces bacilles tuberculeux
sont complètement digérés et détruits en deux ou trois jours.

Le microbe le plus virulent pour la chenille, c'est le *Bacterium galleriæ* n° 2 que nous avons isolé chez les che-

nilles malades et mourantes, qui la tue à coup sûr, même en quantité très minime.

Pendant ces dernières années, nous avons eu plusieurs épizooties. Celles-ci étaient provoquées par l'association de deux ou trois microbes : un grand sporogène (du type *Mega-therium*) et des micrococques. Les microbes que nous avons isolés provoquaient la maladie, même par ingestion ; mais, peu après, ils perdaient rapidement leur virulence. Jusqu'à présent nous n'avons pas encore trouvé le moyen d'exalter ou même de conserver la virulence des cultures obtenues.

La dernière épizootie s'est produite au début de cette année et nous l'avons étudiée en collaboration avec M. Cho-rine. Nous avons réussi à isoler les microbes et nous en avons obtenu 3 : un bâtonnet très épais, un diplocoque et un micrococque (tous Gram-positifs). En injectant ces micro-bes aux chenilles tous trois à la fois, ou chacun isolément, nous avons vu que tous trois, et surtout les bâtonnets, sont très virulents pour elles. Les bâtonnets injectés, même à doses minimes, donnent la mort en quelques heures. Cependant tous nos efforts pour propager la maladie par des voies naturelles (ingestion, contact avec le cadavre, etc.) n'ont pas donné de résultat. Notre attention fut alors attirée par de petits insectes que nous avions quelquefois remarqués dans les cultures infestées. Ce sont des hyménoptères très petits, noirs, ayant des ailes transparentes. Nous en avons pris une dizaine et les avons placés dans un bocal avec plu-sieurs chenilles bien portantes : vingt-quatre à quarante-huit heures plus tard, toutes les chenilles étaient mortes. Nous avons répété cette expérience un grand nombre de fois, tou-jours avec le même résultat. C'est ainsi que nous avons pu constater que la maladie des chenilles leur est transmise par cet intéressant insecte. Grâce à l'obligeance du pro-fesseur Picard, qui a bien voulu nous aider à le déterminer, nous avons appris que ce petit insecte porte le nom de *Dibra-chys boucheanus* Ratzb. (1).

Si l'on met plusieurs *Dibrachys* avec des chenilles, on les

(1) Métalnikov et Chorine. Du rôle joué par les hyménoptères dans l'infection de *Galleria mell. C. R. Acad. Sc.*, **182**, 1926.

voit se poser sur leur dos et les piquer avec leur tarière.
C'est ainsi qu'ils les contaminent.

Pour bien étudier l'immunité naturelle et acquise chez
les chenilles, il faut d'abord établir des méthodes précises
pour titrer la virulence de chaque microbe en particulier.
Pour cela, nous nous servons de la méthode suivante : nous
prenons une culture sur gélose de vingt-quatre heures et
nous en préparons une émulsion dans 1 cent. cube d'eau
physiologique ; ensuite, en ajoutant 1, 2, 3 anses de cette
émulsion dans 1 cent. cube de la solution physiologique et
en injectant, à l'aide d'une pipette, 1/80 à 1/100 cent. cube
d'émulsion, nous pouvons déterminer les doses qui provoquent une infection mortelle. Si la culture n'est pas très
virulente, la dilution ne se fait pas à l'aide d'une anse de
platine, mais à l'aide d'une pipette. En ajoutant 1, 2, 3 gouttes de l'émulsion, nous pouvons préparer des dilutions plus
fortes. Cette méthode permet de déterminer avec une assez
grande précision la dose minima mortelle.

Il était très intéressant de rechercher si cette dose mortelle
était constante pour les mites des abeilles à tous les stades
de leur développement, c'est-à-dire pour les chenilles, les
chrysalides et les papillons. Pour trancher cette question,
nous avons effectué toute une série d'expériences en collaboration avec M. Shigasaki. Les expériences ont été faites
avec une émulsion du microbe de Danysz présentant une
virulence moyenne (1).

Voici quelques résultats. Doses minima mortelles :

Pour les chenilles.................. Dilution de 1/8   à 1/16
Pour les chenilles immédiatement
  avant la métamorphose.......   —   de 1/16 à 1/32
Pour les jeunes chrysalides.......   —   de 1/256 à 1/512
Pour les vielles chrysalides......   —   de 1/512 à 1/1024
Pour les papillons ....   —   de 1/64 à 1/128

Ces résultats montrent que ce sont les chenilles qui ont la
plus grande résistance. Au moment de se transformer en

(1) Shigasaki, Sur la sensibilité des chenilles, des chrysalides et
des papillons. C. R. Soc. Biol., **93**, p. 480.

chrysalides, elles deviennent à peu près deux fois plus sensibles à l'infection.

Les jeunes chrysalides sont environ trente fois plus sensibles que les chenilles et les chrysalides les plus vieilles sont à peu près deux cent soixante fois plus sensibles.

Les papillons deviennent de nouveau plus résistants, mais, quand même, leur immunité naturelle envers le microbe de Danysz est approximativement quatre fois plus faible que chez les chenilles.

VI

L'IMMUNITÉ ACQUISE

Les chenilles de la mite des abeilles sont très facilement immunisées contre différents microbes. Les premières expériences furent faites avec le *B. perfringens*, des pneumococques, des bacilles dysentériques et typhiques. On réussit plus facilement avec les microbes du groupe B, c'est-à-dire avec des microbes d'une virulence moyenne.

Mais les chenilles s'immunisent très rapidement aussi contre les microbes les plus dangereux (groupe C) tels que *Proteus*, *B.* d'Hérelle, vibrions cholériques, etc. On peut déterminer l'immunisation par des méthodes variées : par l'injection 1° d'une vieille culture atténuée ; 2° d'une culture virulente chauffée à 58° ; 3° de doses très minimes de cultures jeunes virulentes. Une nouvelle inoculation, faite vingt-quatre heures ou plusieurs jours après la première avec une émulsion de microbes virulents, ne détermine pas de maladie mortelle.

De nombreuses expériences nous ont démontré que les chenilles sont très sensibles aux variations de virulence des différentes races de cultures de la même espèce microbienne. Les cultures anciennes, les cultures de microbes qui ont vécu longtemps sans passage sur les milieux artificiels, perdent complètement leur virulence pour les chenilles. J'ai étudié à ce point de vue les différentes races de *Proteus* et de *Subtilis* qui ordinairement sont excessivement virulents pour les chenilles. Parmi ces races, j'en ai trouvé quelques-unes qui tuaient la chenille en 4-7 heures ; d'autres étaient d'une virulence moyenne, et enfin il y avait des races qui étaient tout à fait inoffensives.

Voilà pourquoi, avant de commencer des expériences sur l'immunisation des chenilles, il est nécessaire de connaître exactement la virulence, c'est-à-dire la dose minima mortelle des cultures employées.

Comme exemple, nous donnons ici plusieurs expériences faites avec différents microbes :

Expérience 310. — I. — 5 chenilles reçoivent 1/80 de cent. cube d'une émulsion de *B. coli* n° 3 (c'est-à-dire 3 anses dans 1/2 cent. cube d'eau physiologique).

3 jours après, les mêmes chenilles reçoivent 1/80 de cent. cube d'une émulsion n° 5 (5 anses dans 1/2 cent. cube d'eau physiologique. Dose minima).

24-48 heures après l'injection, toutes les chenilles sont vivantes.

II. — *Controle*. — 5 chenilles normales non immunisées reçoivent la même dose mortelle de culture virulente.

15-24 heures après l'injection, toutes les chenilles sont mortes.

Expérience 290. — I. — 5 chenilles reçoivent 1/80 de cent. cube d'une émulsion de B. dysentérique Shiga provenant de vieilles cultures (émulsion de V gouttes dans 1/2 cent. d'eau physiologique). Toutes les chenilles sont vivantes.

2 jours après, les mêmes chenilles reçoivent une dose mortelle de 1/80 de cent. cube d'une émulsion n° 3 (culture jeune de 24 heures sur gélose).

24-48 heures après cette injection, 4 chenilles sont vivantes ; 1 est morte.

II. — *Controle*. — 5 chenilles témoins reçoivent la même dose mortelle 1/80 de cent. cube d'une émulsion n° 3 (culture jeune sur gélose).

24-48 heures après l'injection, toutes les chenilles sont mortes.

Expérience 317. — I. — Le 3 janvier, 6 chenilles reçoivent 1/80 de cent. cube d'une culture de 5 jours de *B. coli* (émulsion n° 1).

Le 4, les mêmes chenilles reçurent 1/80 de cent. cube d'une culture de 3 jours (émulsion n° 2).

Le 6, les mêmes chenilles reçoivent une dose mortelle de 1/80 de cent. cube d'une culture de 24 heures (émulsion n° 3).

24-48 heures après cette injection, toutes les chenilles sont vivantes.

II. — *Controle*. — 6 chenilles témoins reçoivent la même dose mortelle de *B. coli* (culture de 24 heures).

24 heures après, toutes les chenilles sont mortes.

Expérience 337. — I. — Le 8 février, 5 chenilles reçoivent 1/80 de cent. cube d'une culture de Choléra chauffée à 58° (une heure).

Le lendemain, les mêmes chenilles reçoivent 1/80 de cent. cube d'une culture jeune du Choléra Pot.

Après 24-48 heures, toutes les chenilles sont vivantes.

II. — *Contrôle*. — 5 chenilles témoins reçoivent la même dose du Choléra Pol.

24 heures après toutes sont mortes.

III. — Le 8 février, 5 chenilles reçoivent 1/80 de cent. cube d'une culture de Choléra chauffée à 100°.

Le lendemain, elle subissent une injection de dose mortelle de Choléra Pol.

24 heures après, 3 chenilles sont vivantes, 2 sont mortes.

48 heures après, toutes les chenilles sont mortes.

Expérience 403. — I. — Le 1er juin, 3 chenilles reçoivent 1/80 de cent. cube d'une culture de Choléra chauffée à 58°.

Le 2, 3 chenilles reçoivent 1/40 de cent. cube d'une culture de Choléra chauffée à 58°.

Le 10, les mêmes chenilles sont infectées par une dose mortelle du Choléra Sal.

24-48 heures après : 2 vivantes, 1 morte.

II. — *Contrôle*. — 5 chenilles témoins reçoivent la même dose de Choléra Sal.

24 heures après, 1 vivante, 4 mortes.

Expérience 408. — I. — Le 26 mai, 10 chenilles reçoivent 1/80 de cent. cube d'une culture de Choléra Sal chauffée à 58°.

Le 28, les mêmes chenilles reçoivent 1/80 de cent. cube d'une émulsion de vibrions cholériques vivants (faible dose).

Le 15 avril, toutes ces chenilles se transforment en papillons.

Le 16, 5 papillons reçoivent une dose minima mortelle de Choléra vivant.

24 heures après cette injection, 4 papillons sont vivants, 1 est mort.

II. — *Contrôle*. — 5 papillons normaux, non immunisés, reçoivent la même dose de Choléra vivant.

24 heures après, tous les papillons sont morts.

Expérience 410. — I. — 5 chenilles reçoivent 1/80 de cent. cube de Choléra chauffé à 58.

Le lendemain, elles reçoivent une dose mortelle de Choléra vivant.

24-48 heures après cette injection toutes les chenilles sont vivantes.

II. — *Contrôle*. — 5 chenilles reçoivent 1/80 de cent. cube de culture de Choléra chauffée à 58°.

Le lendemain elles reçoivent une dose mortelle du bacille dyssentérique Shiga.

24 heures après cette injection, toutes sont mortes.

Nos expériences ont surtout été faites sur l'insecte à l'état de chenille. Il était intéressant de savoir si les chrysalides et les papillons pouvaient s'immuniser aussi. Pour répondre à cette question, nous avons fait des expériences en collaboration avec M. Shigasaki (1).

L'immunisation a été faite avec la culture chauffée de Danysz. Nous avons d'abord vu que la dose que l'on injecte n'est pas indifférente. Si elle est trop forte, la chenille n'acquiert pas l'immunité et devient même plus sensible vis-à-vis du virus ; de même les doses trop faibles n'atteignent pas le but. Il est nécessaire de déterminer la dose optimum. Cette dose optimum, pour le microbe de Danysz, est la suivante :

III gouttes d'émulsion épaisse dans 1 cent. cube d'eau physiologique (culture de vingt-quatre heures sur gélose), diluées dans 1 cent. cube d'eau physiologique. Chenilles, chrysalides et papillons ont reçu 1/160 de centimètre cube de ce vaccin. Sept jours après, on leur a injecté des doses mortelles. Voici les résultats obtenus :

Expériences sur les chenilles.

	CHENILLES IMMUNISÉES		CHENILLES NORMALES	
Doses injectées.. .	1/4 dilué	1/16 dilué	1/4 dilué	1/16 dilué
Nombre de chenilles	3	3	3	3
Résultat	3 vivantes	3 vivantes	3 mortes	3 mortes

Expérience avec les chrysalides.

	CHRYSALIDES IMMUNISÉES		CHRYSALIDES NORMALES	
Doses injectées. . .	1/8 dilué	1/32 dilué	1/8 dilué	1/32 dilué
Nombre de chrysalides	5	5	5	5
Résultat.	1 vivante	4 vivantes	5 mortes	5 mortes

Expérience sur les papillons.

	PAPILLONS IMMUNISÉS		PAPILLONS NORMAUX	
Doses injectées . . .	1/4 dilué	1/8 dilué	1/4 dilué	1/8 dilué
Nombre de papillons .	5	5	5	5
Résultat	2 vivants	4 vivants	5 morts	1 vivant

(1) Shigasaki, *C. R. Soc. Biol.*, **92**, 1925.

Ces expériences montrent que ce ne sont pas seulement les chenilles qui ont la propriété d'acquérir l'immunité, mais les chrysalides et les papillons également.

Cette immunité dure-t-elle longtemps ? Malheureusement la vie de cet insecte est assez courte. Les expériences en vue d'établir la durée de l'immunité sont donc limitées par le temps.

Les chenilles vivent généralement trois semaines.

Les chrysalides vivent généralement de dix à quinze jours.

Les papillons vivent généralement de dix à quinze jours.

On ne peut commencer les expériences qu'à la deuxième ou troisième semaine de la vie des chenilles, alors qu'elles deviennent suffisamment grandes. Les chenilles immunisées continuent à vivre, se transforment en chrysalides et en papillons.

Voici les résultats des expériences :

Les chenilles furent immunisées avec les microbes de DANYSZ chauffés.

Après dix à quinze jours, elles se sont toutes transformées en chrysalides.

	IMMUNISÉES			NORMALES		
Doses de microbes injectés . . .	1/16	1/64	1/256	1/16	1/64	1/256
Chrysalides . . .	3	3	3	3	3	3
Résultats . . .	3 mortes	1 vivante	3 vivantes	Toutes mortes		

Essais avec les papillons.

	IMMUNISÉS	NORMAUX
Doses injectées	1/16 dilué	1/16 dilué
Papillons.	5	5
Résultats	3 vivants	Tous morts

On voit que les chenilles vaccinées restent immunisées jusqu'à leur transformation au stade suivant et qu'elles transmettent leur immunité aux chrysalides et aux papillons.

RAPIDITÉ D'IMMUNISATION

Un fait étonnant à remarquer dans ces expériences, c'est la rapidité avec laquelle l'immunité est acquise. Déjà 20-24 heures après l'inoculation du vaccin, la chenille est complètement immunisée contre des doses minimes mortelles.

Quelques expériences préliminaires nous avaient fait croire que les chenilles peuvent quelquefois s'immuniser encore plus vite. La virulence de la culture, surtout, joue le principal rôle. Si la culture n'est pas trop virulente, l'immunisation se fait beaucoup plus vite et plus facilement.

Pour étudier ces questions, nous avons entrepris toute une série d'expériences avec une culture très peu virulente de Choléra Sal. en collaboration avec M. Gaschen (1).

Pour donner une maladie mortelle à la chenille avec cette culture, il fallait injecter une forte dose (1/80 de cent. cube d'une émulsion n° 3 ou n° 4) (III-IV gouttes de l'émulsion-mère dans 1/2 cent. cube d'eau physiologique).

Expérience 414. — I. — Le 29 juin, à 2 h. 45, 5 chenilles reçoivent 1/80 de cent. cube de Choléra Sal. chauffé à 58°.

A 3 h. 15, c'est-à-dire une demi-heure après l'injection, les mêmes chenilles reçoivent une dose minima mortelle de Choléra Sal. vivant 1/80 de cent. cube d'émulsion n° 3.

24 heures après, toutes les chenilles sont mortes.

II. — Le 29 juin, à 2 h. 42, 5 chenilles reçoivent 1/80 de cent. cube de Choléra Sal. chauffé à 58°.

A 3 h. 45, c'est-à-dire 1 heure après l'injection, ces mêmes chenilles reçoivent 1/80 de cent. cube de Choléra Sal. vivant.

24 heures après, toutes les chenilles sont mortes.

III. — Le 29 juin, à 2 h. 45, 5 chenilles reçoivent 1/80 de cent. cube de Choléra chauffé à 58°.

A 4 h. 45, c'est-à-dire 2 heures après l'injection, elles reçoivent 1/80 de cent. cube de Choléra vivant.

24 heures après, toutes les chenilles sont mortes.

IV. — Le 29 juin, à 2 h. 45, 5 chenilles reçoivent 1/80 de cent. cube de Choléra chauffé à 58°.

A 5 h. 15, c'est-à-dire 2 h. 1/2 après, elles reçoivent 1/80 de cent. cube de Choléra vivant.

(1) Métalnikov et Gaschen, Immunité cellulaire et humorale chez la chenille. Ann. Inst. Pasteur, **36**, 1922, p. 233.

24 heures après, *1 chenille est vivante, les 4 autres sont mortes.*

V. — Le 29 juin, à 2 h. 45, 5 chenilles reçoivent 1/80 de cent. cube de Choléra chauffé à 58°.

A 5 h. 45, c'est-à-dire 3 heures après l'injection, elles reçoivent 1/80 de cent. cube de Choléra vivant.

24 heures après, toutes les chenilles sont vivantes.

VI. — Le 29 juin, à 3 heures, 5 chenilles reçoivent 1/80 de cent. cube de Choléra chauffé à 58°.

A 8 heures, c'est-à-dire 4 heures après l'injection, elles reçoivent 1/80 de cent. cube de Choléra vivant.

24 heures après, 4 chenilles sont vivantes, 1 morte.

VII. — Le 29 juin, à 3 heures, 5 chenilles reçoivent 1/80 de cent. cube de Choléra chauffé à 58°.

A 8 heures, c'est-à-dire 5 heures après, elles reçoivent 1/80 de cent. cube de Choléra vivant.

24 heures après, toutes les chenilles sont mortes.

VIII. — *Contrôle.* — Le 29 juin, 5 chenilles reçoivent la même dose mortelle de Choléra vivant.

24 heures après cette injection, toutes les chenilles sont mortes.

EXPÉRIENCE 409. — I. — Le 22 juin, 5 chenilles reçoivent 1/80 de cent. cube d'une émulsion de Choléra chauffée à 58°.

1 h. 1/2 après, ces mêmes chenilles sont inoculées avec une dose minima mortelle de Choléra Sal. vivant.

24 heures après, *toutes les chenilles sont mortes.*

II. — Le 22 juin, 5 chenilles reçoivent 1/80 de cent. cube d'une émulsion de Choléra Sal. chauffée à 58°.

3 heures après, ces mêmes chenilles sont inoculées avec une dose minima mortelle de Choléra Sal. vivant.

24 heures après, *toutes les chenilles sont vivantes.*

III. — Le 22 juin, 5 chenilles reçoivent 1/80 de cent. cube d'une émulsion très diluée de Choléra Sal. vivant.

3 heures après le commencement de l'immunisation, ces mêmes chenilles sont infectées par une dose minima mortelle de Choléra Sal.

24 heures après, *toutes les chenilles sont vivantes.*

IV. — *Contrôle.* — Le 22 juin, 5 chenilles témoins qui reçoivent la même dose sont mortes en 15-24 heures.

Toutes ces expériences montrent avec certitude que les chenilles peuvent s'immuniser avec une rapidité surprenante : *trois heures après le commencement de l'immunisation, les chenilles sont bien immunisées vis-à-vis de doses sûrement mortelles.*

Nous avons répété les mêmes expériences avec des cultures très virulentes :

EXPÉRIENCE 356. — I. — 5 chenilles reçoivent 1/80 de cent. cube d'une émulsion de choléra Pot. chauffée à 58°.

3 h. 1/2 après, les mêmes chenilles sont infectées avec une dose minima mortelle de Choléra Pot. excessivement virulente.

24 heures après cette injection, toutes les chenilles sont mortes.

II. — 5 chenilles reçoivent 1/80 de cent. cube de Choléra Pot. chauffé à 58°.

7 heures après le commencement de l'immunisation, les mêmes chenilles sont infectées par une dose mortelle de Choléra Pot.

24 heures après, *toutes les chenilles sont vivantes.*

48 heures après, *toutes les chenilles sont mortes.*

III. — 5 chenilles de contrôle qui reçoivent la même dose meurent en 15-20 heures.

D'après ces expériences, nous pouvons dire que les chenilles s'immunisent beaucoup plus rapidement avec les cultures peu virulentes ; tandis qu'avec la culture de Choléra Sal. (peu virulente), les chenilles sont immunisées en trois heures ; avec la culture de Choléra Pot., au contraire, elles ne sont pas complètement immunisées après sept heures.

VII

PHÉNOMÈNES DE BACTÉRIOLYSE
CHEZ LES CHENILLES

Dans les nombreuses expériences que nous avons faites
jusqu'à présent sur l'immunité des chenilles de *Galleria*,
nous avons eu affaire à des microbes qui sont très facilement
englobés et digérés par les phagocytes. C'est pourquoi il
était possible d'affirmer que l'immunité naturelle et acquise
est une immunité purement cellulaire. C'est une règle générale qui souffre cependant des exceptions. L'année passée,
en faisant des expériences sur le choléra et la dysenterie,
nous avons vu plusieurs fois, chez les chenilles immunisées
contre cette maladie, une vraie bactériolyse, véritable phénomène de Pfeiffer.

Ce phénomène a été décrit par Paillot (1) chez les chenilles adultes de Noctuelles inoculées avec *B. melolonthæ
non liquefaciens*. D'après cet auteur, le principal rôle de
défense dans l'organisme de ces chenilles aboutit à une
bactériolyse. La phagocytose ne joue ici qu'un rôle très
secondaire. Vu le très grand intérêt que présentent tous ces
faits pour l'étude de l'immunité chez les invertébrés, nous
avons repris ces expériences.

Comme point de départ, nous avons pris le vibrion cholérique et les bacilles dysentériques qui se bactériolysent,
comme on sait, très facilement.

M. Legroux nous a aimablement fourni différentes cultures de vibrions cholériques et de bacilles dysentériques de la

(1) *C. R. Acad. Sciences*, 1919, **169**, p. 1122 et 1921, **172**, p. 397.

collection de l'Institut Pasteur. Nous nous faisons un plaisir de le remercier pour son aimable concours.

Parmi les différentes cultures que nous avons essayées, deux étaient particulièrement virulentes pour les chenilles, ce sont : la culture Pot. et la culture Slow. Injectées, même à dose très minime, elles donnaient toujours une maladie mortelle.

EXPÉRIENCE 389. — 5 chenilles reçoivent 1/80 de cent. cube d'une émulsion très faible (1-2 anses pour 1 cent. cube d'eau physiologique) d'une culture Show de 24 heures.

10-20 heures après, toutes les chenilles sont mortes.

Pendant toute la durée de l'expérience toutes les chenilles sont maintenues à la température de 37°. Le sang est examiné 1/2 heure après l'inoculation, puis d'heure en heure jusqu'à 24 heures.

Pendant les premières heures qui suivent l'inoculation, on ne trouve pas de vibrions dans le sang. De la 2ᵉ à la 3ᵉ heure, les vibrions apparaissent rapidement et en grande quantité. Les vibrions sont devenus plus vigoureux, plus robustes et se colorent intensément. On pourrait supposer qu'il se produit une nouvelle race de vibrions bien adaptée à l'organisme de la chenille. La multiplication des vibrions devient de plus en plus rapide. A partir de la 4ᵉ heure, tout le sang est rempli par des masses de vibrions. La phagocytose fait alors défaut. Le nombre des leucocytes et des phagocytes diminue rapidement. Quelques rares leucocytes vacuolisés et déformés sont entourés par des amas de vibrions. A partir de la 8ᵉ-10ᵉ heure, les chenilles sont fortement malades. Elles deviennent brun-noir, se déplacent très lentement et meurent de septicémie. Si on injecte des quantités plus fortes de vibrions virulents, l'évolution de la maladie est encore plus rapide et les chenilles meurent en 5-7 heures avec les mêmes symptômes de septicémie.

L'évolution de la maladie est tout autre si la chenille est contaminée avec des cultures peu virulentes.

Parmi les différentes cultures de vibrions cholériques que nous avons essayées, ce sont les cultures M. qui se sont montrées les moins virulentes pour les chenilles. Il fallait injecter des doses très considérables pour provoquer une maladie mortelle.

EXPÉRIENCE 400. — 5 chenilles reçoivent 1/80 de cent. cube d'une émulsion très épaisse de Choléra M. sur gélose de 24 heures (III-IV gouttes d'une émulsion mise dans 1 cent. cube d'eau physiologique). 24 heures après l'injection, toutes les chenilles sont mortes. Les doses moins fortes ne déterminent pas de maladie mortelle.

En examinant le sang des chenilles infectées, nous avons pu constater que la réaction phagocytaire commence aussitôt après l'introduction des vibrions. Mais elle est très faible au commencement et la plus grande partie des vibrions reste libre, extracellulaire.

Dès la 2e heure, on observe un commencement d'altération des vibrions, tout au moins d'une partie d'entre eux. Les vibrions sont transformés en granules très typiques. C'est le phénomène de PFEIFFER. Avec le temps, la bactériolyse devient de plus en plus intense. Vers la 6e-8e heure, l'aspect du sang sur frottis est le suivant :

Rares vibrions intacts ; une grande quantité des granules, surtout au voisinage des leucocytes et phagocytes ; proportion assez élevée de phagocytes vacuolisés, déformés et en stade de phagolyse. Vers la 10e-12e heure, on ne trouve plus dans le sang de vibrions intacts. Tous les vibrions sont bactériolysés et digérés par les phagocytes. Sur les coupes, on voit quelques agglomérations de phagocytes et des capsules typiques remplies des débris de ces microbes, pigmentés en brun-noir.

Mais la chenille n'est pas sauvée, et après la destruction complète des masses de vibrions injectés, elle devient de plus en plus malade et meurt 1 ou 2 heures après.

Nous supposons que la chenille meurt d'une intoxication produite par les endotoxines qui se dégagent après la bactériolyse des vibrions.

Ainsi, nous pouvons dire que l'évolution de la maladie chez la chenille dépend de la virulence et de la quantité de vibrions injectés.

Les vibrions très virulents, injectés même à dose minime, s'adaptent facilement aux humeurs de la chenille et produisent une septicémie mortelle.

Les vibrions peu virulents, au contraire, sont très vite digérés et bactériolysés s'ils sont injectés en petite quantité. Si la dose injectée est plus considérable, la chenille parvient bientôt à détruire tous les vibrions ; elle meurt cependant intoxiquée, mais aseptiquement. La chenille succombe à l'infection au moment même où elle était sur le point d'être entièrement débarrassée des vibrions injectés dans son corps. Il a toujours été affirmé et l'on croit généralement que, chez les animaux qui meurent à la suite d'une infection aiguë, la phagocytose ne joue aucun rôle.

Nous avons vu, au contraire, que dans toutes les infections aiguës et mortelles, ainsi que dans le choléra, la phagocytose entre en jeu. A côté de la bactériolyse se voit toujours la phagocytose. Les vibrions sont englobés par les phagocytes et très vite digérés. Mais à partir de la quatrième-cinquième heure, on trouve très peu de vrais phagocytes dans le sang. La plus grande partie des phagocytes et leucocytes est attirée vers les organes internes, surtout dans la région du cœur où il se forme des agglomérations et des capsules. C'est ici que se produit la destruction en masse des microbes englobés et la transformation de ces microbes en un pigment brun-noir. On peut dire que ces agglomérations et ces capsules jouent le rôle de la rate et des glandes lymphatiques des animaux supérieurs.

Comme la rate et les glandes lymphatiques, ces agglomérations et ces capsules fixent les microbes et les isolent du sang et des autres organes internes en les détruisant et en les digérant.

Le tableau bactériologique qu'on observe chez les chenilles inoculées par le choléra mortel est analogue à celui qu'on obtient chez les animaux supérieurs.

D'après les recherches récentes de G. Sanarelli, l'injection d'une dose mortelle de vibrions dans le péritoine du cobaye a tout d'abord, comme effet immédiat, la soudaine et abondante irruption des vibrions dans le torrent circulatoire. Mais cette vibrionémie ne dure pas longtemps. Déjà, à partir de la deuxième ou troisième heure, le nombre des vibrions dans le sang diminue rapidement jusqu'à devenir extrêmement petit ou à disparaître entièrement de la douzième heure jusqu'à la mort.

Les propriétés bactéricides acquises par le milieu péritonéal, bien que capables de déterminer la transformation granulaire en masse des vibrions, n'arrêtent ni leur exode vers le sang ni leur faculté germinative. Après trois heures, toute activité phagocytaire est éteinte, tandis que la transformation granulaire extracellulaire des vibrions augmente de plus en plus jusqu'à devenir totale.

En effet, au bout de six heures, on ne rencontre plus que des granulations libres.

Cependant cette épuration microbienne progressive, accomplie par les phagocytes et la bactériolysine chez les cobayes ayant reçu des doses mortelles de vibrions, n'a pas d'action sur l'issue finale de la maladie. Ils meurent avec une rapidité plus ou moins grande ; ni la marche du processus péritonéal ni le succès plus ou moins décisif obtenu localement par l'afflux tardif des phagocytes n'ont aucune influence.

On a beaucoup discuté sur la nature et l'origine de ces anticorps bactériolytiques. PFEIFFER (1), dans ses travaux sur l'immunité, rejette l'idée de METCHNIKOFF qui affirmait que les bactériolysines sont d'origine leucocytaire. Il fait appel à une sécrétion endothéliale. Dans un travail postérieur (2) accompli en collaboration avec MARX, il renonce à cette hypothèse et se range du côté de ceux qui mettent en cause les organes hématopoïétiques.

D'un autre côté, toute une série de travaux exécutés à l'Institut Pasteur par METCHNIKOFF (3), BORDET (4), MESNIL (5), SALIMBENI (6), CANTACUZÈNE (7), etc., ont démontré la nécessité de l'intervention des leucocytes dans la production du phénomène de PFEIFFER.

Des expériences et observations que nous venons d'exposer, nous pouvons tirer les conclusions suivantes relativement à l'évolution du choléra chez les chenilles inoculées avec des doses diverses de vibrions.

Si la dose employée est très faible, au bout de quinze à vingt-quatre heures la chenille redevient normale. Tous les microbes sont englobés et digérés par les phagocytes.

La dose minima mortelle varie, on le sait, avec les espèces de vibrions. Si les vibrions sont très virulents, ils s'adaptent très facilement aux humeurs de la chenille et provoquent une septicémie. Les vibrions ne sont ni bactériolysés, ni phagocytés.

Au contraire, les vibrions peu virulents donnent une maladie mortelle au cas où ils sont injectés en grande quan-

(1) *Zeit. f. Hygiene*, 1894. **16**. p. 268.
(2) *Zeit. f. Hygiene*, 1898. **27**. p. 272.
(3) *Annales Inst. Pasteur*, 1895. **9**. p. 433.
(4) *Annales Inst. Pasteur*, 1895. **9**. p. 469.
(5) *Annales Inst. Pasteur*, 1896. **10**. p. 369.
(6) *Annales Inst. Pasteur*, 1898. **12**. p. 192.
(7) *Annales Inst. Pasteur*, 1898. **12**. p. 273.

tité. Ils sont cependant phagocytés et transformés en granules.

La transformation sphérulaire extracellulaire des vibrions est due à des substances bactériolytiques qui apparaissent dans le sang. Après deux-quatre heures, tous les vibrions sont ordinairement transformés en granulations et bactériolysés. Cette bactériolyse est toujours accompagnée d'une leucolyse plus ou moins intense. Mais la bactériolyse ne sauve pas la chenille qui devient de plus en plus malade et meurt en quelques heures.

Nous avons fait les mêmes expériences avec un autre microbe très facilement bactériolysable : le bacille dysentérique de Shiga.

Si la dose en est faible, la chenille résiste bien et redevient normale en quinze à vingt-quatre heures.

Au contraire, lorsque cette dose est forte (1/80-1/40 cent. cube d'une émulsion épaisse), la chenille devient de plus en plus malade et meurt de septicémie en quinze à vingt-quatre heures.

Les bacilles dysentériques peu virulents donnent une maladie mortelle s'ils sont injectés à forte dose (1/40-1/20 cent. cube d'une émulsion épaisse). Dès la deuxième-quatrième heure, on observe un commencement d'altération des bacilles et leur transformation en gros granules.

Vers la huitième-douzième heure, on ne trouve plus de bacille intact. Mais la chenille n'est pas sauvée. Elle devient très malade et meurt le lendemain. Comme dans le choléra, le bacille dysentérique donne deux maladies différentes.

La culture très virulente provoque une septicémie mortelle.

La culture peu virulente provoque une intoxication mortelle au cas où elle est injectée en grande quantité. Cette intoxication est toujours accompagnée d'une bactériolyse, d'une leucolyse et d'une destruction cellulaire.

Le fait qui peut sembler curieux dans cette expérience est que la bactériolyse complète des microbes ne sauve pas l'animal. Cela semble indiquer que la bactériolyse seule n'est pas capable de protéger l'organisme contre les microbes et leurs toxines. Les leucocytes et phagocytes sont tout à fait indispensables.

La phagocytose joue ici, comme dans tous les autres cas d'immunité naturelle et acquise, le rôle principal ; ce n'est pas une manifestation secondaire et collatérale comme le pense PAILLOT (1). Ce sont les leucocytes qui, par diffusion de leurs ferments intracellulaires, transforment les vibrions en granules et les digèrent. C'est grâce à la voracité des phagocytes que les microbes sont englobés et digérés. C'est grâce à l'activité des leucocytes que de grandes masses de microbes sont fixés et enfermés dans des capsules où elles sont digérées et transformées en un pigment brun-noir.

Si les phagocytes sont détruits et leur action paralysée par les toxines ou endotoxines, l'animal meurt même dans le cas où tous les microbes sont transformés en granules et bactériolysés.

(1) *C. R. Acad. Sciences*, 1919, **169**. p. 1122.

VIII

PHAGOCYTOSE ET RÉACTIONS
DES CELLULES DANS L'IMMUNITÉ

Les chenilles de la mite des abeilles (*Galleria mell.*) sont extrêmement commodes pour l'étude de la phagocytose. La rapidité avec laquelle on peut leur effectuer des injections de substances variées dans le corps, leur extraordinaire résistance, la facilité avec laquelle on peut extraire le sang, les grands globules du sang, tout cela fait des chenilles des animaux de choix pour l'étude de la phagocytose. Les chenilles supportent de très grandes doses de substances injectées à condition que ces dernières ne contiennent rien de nocif. Ainsi, en injectant des matières colorantes (carmin, encre de Chine, sépia, ou des globules rouges), la quantité injectée peut être si grande que l'animal prend la couleur correspondante sans préjudice pour sa vie et sans que s'arrête sa métamorphose normale en chrysalide et en papillon. La principale condition nécessaire à ces expériences est l'absolue stérilité de tous les liquides injectés, de la verrerie et des pipettes.

RÉACTION DES ÉLÉMENTS DU SANG
PENDANT L'IMMUNISATION

Le sang des chenilles de *Galleria* est un liquide transparent, jaune, noircissant assez vite à l'air, à la surface duquel se forme une membrane noire. Cette propriété, commune au sang de tous les insectes, s'explique, ainsi que l'ont démontré Fürth et N. Schneider, par l'action d'un ferment oxydant spécial sur le chromogène du sang.

On trouve habituellement dans le sang des insectes plusieurs types de globules sanguins qui ont été décrits par Cuénot (1), Hollande (2), Métalnikov (3), Zotta (4). Dernièrement Paillot (5) a fait l'étude cytologique du sang des chenilles et, avec Hollande, a distingué quatre à cinq espèces de différents globules sanguins :

1° Lymphocytes ;

2° Proleucocytes (macronucléocytes de Paillot) ;

3° Leucocytes (micronucléocytes de Paillot) ;

4° Cellules sphéruleuses ;

5° Œnocytes.

Nous avons décrit toutes ces formes dans notre premier travail sur les chenilles de *Galleria*.

Vu le rôle important des phagocytes dans l'immunité des insectes, nous avons repris cette étude du sang et de ses éléments.

L'étude cytologique a été faite par la méthode employée pour le sang de l'homme.

Les frottis de sang (bien étalé) sont fixés cinq à huit minutes par le colorant May-Grünwald et colorés deux à vingt heures par le panchrome Pappenheim dilué (II, III gouttes par centimètre cube d'eau de robinet).

Tous les éléments apparaissent ainsi très nettement différenciés : le noyau est coloré en rouge foncé, le protoplasma en bleu violet.

Nous distinguons six types différents de cellules (Fig. VI) :

1ᵉʳ type : Éléments à gros noyau et mince couche protoplasmique ressemblant aux *lymphocytes* du sang de l'homme (fig. 1).

2ᵉ type : Grands éléments à gros noyau et à protoplasma fortement colorable. Ce sont les *proleucocytes* de Hollande et les macronucléocytes de Paillot (fig. 2).

(1) Cuénot. *Arch. de Biol.*, **14**, et *Arch. d'Anat. micr.*, **1**.

(2) Hollande. *Arch. zool. exp.*, 1911, **9**.

(3) Métalnikov. *Arch. zool. expér.*, 1908, **8**, p. 489.

(4) Zotta. *C. R. Soc. Biol.*, 1921, **84**, p. 928.

(5) Paillot. *Ann. Inst. Pasteur*, 1919, **33**, p. 403.

3ᵉ type : Grands éléments arrondis, à couche protoplasmique assez épaisse et colorée en bleu pâle, à noyau plus petit que celui des proleucocytes. Souvent on trouve dans ces éléments des inclusions éosinophiles. Ce sont de vrais leucocytes ou phagocytes qui englobent les microbes et les corps étrangers (fig. 3).

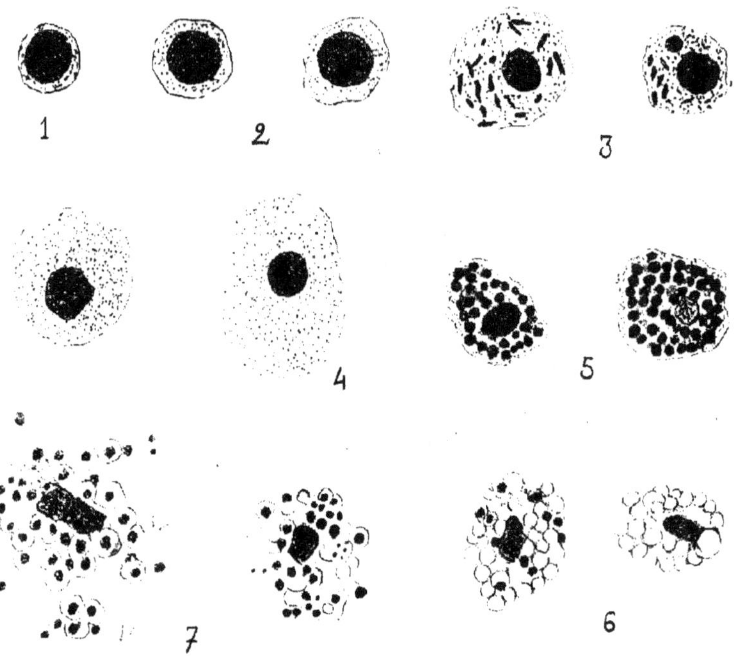

Fig. VI.

4ᵉ type : *OEnocytes*. Grandes cellules à protoplasma homogène (fig. 4).

5ᵉ type : *Cellules sphéruleuses*. Ce sont de grands éléments remplis de sphérules, colorables en bleu violet foncé par le panchrome. On en rencontre en assez grand nombre, surtout après des injections de microbes. Elles semblent jouer un rôle assez important dans le mécanisme de l'immunité (fig. 5).

6° type : *Cellules sphéruleuses vides*. Ce sont les mêmes cellules sphéruleuses qui ont perdu leurs sphérules. Dans cet état, leur protoplasma a l'aspect vacuolaire. On trouve souvent des stades intermédiaires entre les cellules sphéruleuses typiques et les cellules qui sont à demi ou presque entièrement vides (fig. 6).

Nous avons souvent observé sur des préparations bien colorées par le panchrome la désagrégation de ces curieuses cellules (fig. 7).

Les sphérules et les vacuoles, où elles sont incluses, se séparent du noyau et se dispersent dans le sang. Si l'on prend une goutte de sang de chenille et si l'on y ajoute une quantité minime de rouge neutre, les cellules sphéruleuses se colorent en rose ; ce qui prouve que ces sphérules ont une réaction acide bien marquée. Dans le sang normal il y a très peu de ces cellules sphéruleuses et c'est seulement après l'injection de certains microbes qu'elles apparaissent en grande quantité.

Lesquels de ces six éléments prennent part à la phago-cytose ? En premier lieu ce sont les leucocytes, les grandes cellules munies d'un seul noyau et dont le protoplasme est granuleux.

La phagocytose s'effectue aussi, mais plus tard, au moyen des proleucocytes, lesquels absorbent moins de microbes que les leucocytes.

Enfin, dans des cas fort rares, il nous est arrivé d'obser-ver l'absorption de microbes même par des lymphocytes ; c'est ainsi qu'après avoir injecté à des chenilles une émulsion de microbes isolés de chenilles malades (*Micrococcus gal-leriæ*), nous avons trouvé sur plusieurs préparations une certaine quantité de ces microbes à l'intérieur des lympho-cytes.

Les autres éléments ne prennent aucune part à la pha-gocytose.

En injectant dans le corps des chenilles quelques sub-stances colorantes, par exemple une émulsion de carmin ou d'encre de Chine, la réaction phagocytaire se déclare très vite, à la température de 30°-37°. Après quinze ou trente minutes, on trouve déjà nombre de phagocytes ayant absorbé des grains de carmin. A une température plus basse, 15°-25°, la réaction ne se déclare qu'une heure après. Au-dessous de 10°, il n'y a plus de phagocytose.

Deux ou trois heures après l'injection, la phagocytose augmente sensiblement. A ce moment, on peut compter de 70 à 80 p. 100 de phagocytes ayant absorbé du carmin. Le maximum de leur activité se déploie quatre à cinq heures après l'injection ; puis, si la quantité de substance injectée n'est pas bien grande, les phagocytes chargés de carmin commencent à disparaître et, au bout de vingt-quatre à quarante-huit heures, on ne trouve plus de carmin dans le sang, ni à l'intérieur, ni à l'extérieur des cellules. Tout le carmin a disparu et le sang est épuré de la substance injectée. Où donc est passé le carmin ? Pour répondre à cette question, il est nécessaire de pratiquer des coupes, sur lesquelles on peut clairement voir que tous les phagocytes chargés de carmin se dirigent vers les organes internes, principalement vers le cœur, et surtout vers la partie postérieure du corps où se forment d'énormes agglomérations et même de grands plasmodes. La durée de la réaction phagocytaire dépend tout d'abord de la quantité de substance injectée. Ainsi, si l'on injecte dans le corps de la chenille 1/80-1/100 de cent. cube d'émulsion de carmin, la réaction dure de cinq à huit heures ; puis le carmin disparaît peu à peu du sang. Et si l'on injecte 1/20 de cent. cube de cette même émulsion, on trouve des phagocytes chargés de carmin vingt-quatre heures et même quarante-huit heures après l'injection.

La nature de la substance injectée joue aussi son rôle. Il y a des bactéries que les phagocytes englobent vivement. Tels sont, par exemple, les staphylocoques, les micrococoques, etc.

Voici quelques exemples :

Expérience 246. — 5 chenilles ont reçu une injection de 1/80 de cent. cube d'une émulsion épaisse, chauffée à 60°, de staphylocoques. De temps en temps, on prenait une goutte de sang, on préparait des frottis que l'on colorait d'après la méthode de Pappenheim ; puis on comptait la quantité de phagocytes ayant absorbé des microbes par rapport à la quantité de 100 leucocytes.

Après 20 minutes . . . . 9 p. 100
  — 30 minutes . . . . 50 —
  — 1 heure . . . . 65 —
  — 2 heures . . . . 75 —
  — 3 heures . . . . 75 —
  — 4 heures . . . . 65 —
  — 5 heures . . . . 40 —
  — 6 heures . . . . 22 —
  — 24 heures . . . . 0 —

EXPÉRIENCE 241. — Une injection de 1/80 de cent. cube d'une émulsion très épaisse de *Micrococcus galleriæ* a été faite à 10 chenilles. Au bout de 24 à 48 heures, elles périrent toutes. Jusqu'à leur mort, une forte phagocytose a été observée.

Après 15 minutes . . . . 18 p. 100
  — 20 minutes . . . . 49 —
  — 1 heure . . . . 53 —
  — 2 heures . . . . 68 —
  — 3 heures . . . . 63 —
  — 4 heures . . . . 89 —
  — 5 heures . . . . 75 —
  — 6 heures . . . . 63 —
  — 24 heures . . . . 65 —

Les bacilles tuberculeux et autres bacilles acido-résistants sont phagocytés avec la même rapidité. La phagocytose commence quinze à trente minutes après l'injection (à 35°-37°) et, si la dose n'est pas bien grande, s'achève en huit à quinze heures. Dans le cas de fortes doses, nous avons trouvé des bacilles tuberculeux dans le sang des chenilles, même vingt-quatre à quarante-huit heures après l'injection.

Il est intéressant de noter que, tandis que la phagocytose des bacilles tuberculeux s'effectue avec une extrême rapidité, celle des bacilles lépreux se fait très lentement.

Grâce à l'obligeance du D' Marchoux, nous avons eu l'occasion d'utiliser des émulsions très épaisses de bacilles lépreux (lèpre de l'homme et des rats). Nous nous faisons un plaisir de le remercier ici pour son aimable concours.

Le bacille lépreux a été injecté en grande quantité aux chenilles de *Galleria mellonella* et au *Dixipus morosus* que nous avions à cette époque au laboratoire.

Voici, résumés succinctement, les résultats des nombreuses expériences que nous avons faites en collaboration avec M. TOUMANOFF (1).

Tous les insectes injectés avec des doses énormes de bacilles lépreux sont restés vivants et se transformèrent normalement en chrysalides et en papillons. Ces faits prouvent que ces insectes sont complètement immuns contre la lèpre, ainsi qu'envers tous les autres microbes acido-résistants.

En examinant leur sang trente, soixante, cent-vingt minutes après l'injection, nous avons toujours pu constater que la phagocytose est faite dans les premières heures. Tandis que les bacilles tuberculeux sont englobés et digérés très rapidement, les bacilles lépreux restent des heures dans le sang de l'insecte sans être phagocytés. La phagocytose devient de plus en plus forte après vingt-quatre heures.

La digestion des bacilles est très lente, presque insignifiante. Beaucoup de phagocytes contenant des bacilles lépreux finissent par se lyser. Les bacilles qui en sortent sont de nouveau englobés par d'autres phagocytes et par les groupements de phagocytes. Ces derniers forment souvent, dans la cavité générale de l'insecte infecté, de grandes agglomérations et des cellules géantes qui contiennent des masses de bacilles lépreux bien colorables par le Ziehl.

Nous avons trouvé chez les chrysalides et chez les papillons, ainsi que chez les *Dixipus*, trois, quatre semaines après l'infection, beaucoup de grosses agglomérations de leucocytes remplis de bacilles lépreux.

Il est intéressant de noter qu'il n'y a presque pas formation de capsules autour des cellules géantes, contrairement à ce qui se passe dans la tuberculose. Tous les bacilles lépreux restent fixés soit dans les phagocytes isolés, soit dans les cellules géantes.

Tout prouve que les bacilles lépreux et leurs toxines sont très peu toxiques pour les insectes que nous avons étudiés. Il se produit une sorte de symbiose entre l'insecte et le bacille qui vit dans le corps de l'insecte pendant des semai-

(1) MÉTALNIKOV et TOUMANOFF, La lèpre chez les insectes. *C. R. Soc. de Biol.*, **89**, 1923, p. 935.

nes, sans l'empêcher de se transformer en chrysalide et en papillon.

Parmi les microbes qui ne provoquent point de réaction phagocytaire se trouvent les plus virulents et les plus dangereux pour les chenilles.

Ainsi, ayant injecté aux chenilles une émulsion de bactéries isolées par nous lors d'une épidémie (*Bacterium galleriæ*), la phagocytose n'eut pas lieu.

EXPÉRIENCE 350. — 5 chenilles ont reçu une injection de 1/80 de cent. cube d'émulsion de culture de 24 heures (*Bacterium galleriæ* n° 2) ; 30, 40 minutes après l'injection, toutes les chenilles tombèrent malades pour mourir 30, 40 minutes après. L'examen du sang démontre l'absence complète de la phagocytose.

EXPÉRIENCE 353. — 10 chenilles ont reçu une injection de 1/160 de cent. cube d'émulsion extrêmement faible (1 anse sur 2 cent. cubes de solution physiologique) de la même culture.

8, 10 heures après, toutes les chenilles périrent.

L'examen du sang des chenilles infectées avec ce microbe ne donne aucune trace de phagocytose quelle que soit la dose, forte ou faible. Les microbes se multiplient dans le sang, sans obstacle, et les chenilles périssent extrêmement vite de septicémie.

Nous avons observé le même phénomène en infectant des chenilles avec des pneumocoques. Tandis que la phagocytose, après une injection de pneumocoques non virulents, se déclare rapidement et que tous les microbes sont digérés, détruits, elle ne se manifeste aucunement après l'injection d'une culture très virulente (surtout de pneumocoque n° 3), et les chenilles périssent très rapidement.

Ordinairement, trois, cinq heures après l'injection d'un microbe quelconque, on observe un moment critique chez les chenilles. Ce moment est étroitement lié à celui de la plus grande intensité de la phagocytose. Si, après ce moment, tous les microbes sont englobés et que le sang en soit débarrassé, la guérison est prompte. Mais s'ils ne sont pas englobés, ils prennent ordinairement le dessus sur les phagocytes et l'animal meurt vite de septicémie.

Nous avons observé la même réaction négative par rapport aux vibrions cholériques très virulents. Deux cultures différentes furent l'objet de nos travaux :

Le choléra M., que nous reçûmes du D' Salimbeni, était peu virulent pour les chenilles. L'injection de ces vibrions provoque une transformation des microbes en granules (phénomène de Pfeiffer) et leur phagocytose.

Ces réactions ont pour résultat une prompte extermination des microbes injectés ; tout autres sont les résultats si l'on injecte aux chenilles une émulsion du choléra Pot., que M. Legroux a aimablement mis à notre disposition. Les doses minimes de ce microbe sont absolument mortelles pour les chenilles.

Expérience 320. — 5 chenilles ont reçu une injection de 1/80 de cent. cube d'émulsion de Choléra Pot. de 24 heures (1 anse délayée dans 2 cent. cubes de solution physiologique).

Le lendemain, les 5 chenilles étaient mortes.

5 chenilles avaient été injectées avec une émulsion encore plus délayée (1 anse dans 20 cent. cubes de solution physiologique).

Elles périrent toutes en 24 heures.

L'examen du sang des chenilles, jusqu'à deux heures après l'injection, ne donna pas de vibrions. Ce n'est que deux, trois heures après l'injection que les vibrions apparurent dans le sang, en grande quantité. Avec le temps, leur nombre augmenta et les chenilles moururent de septicémie. Aucune trace de phagocytose ni de phénomène de Pfeiffer.

Toutes ces expériences démontrent que la durée de la réaction phagocytaire dépend de la nature du microbe injecté. Il y a des microbes qui provoquent une réaction extrêmement rapide et de peu de durée (bac. tuberculeux, staphylocoque). Par contre, il y en a d'autres qui ne provoquent aucune réaction phagocytaire : ce sont justement les plus dangereux, les plus virulents.

PHAGOCYTOSE ET INFECTION MORTELLE

En étudiant la phagocytose dans les cas d'infection les plus variés, nous avons souvent trouvé une réaction phagocytaire, même dans les cas d'infection mortelle. Nous avons fréquemment observé ce phénomène après l'infection des chenilles avec d'énormes doses de cultures peu virulentes. Quelque peu virulent que soit le microbe pour la chenille, on peut toujours trouver la dose maxima qui la tuera. Sous ce rapport, les staphylocoques qui, en général, sont très peu virulents pour les chenilles, nous offrent un exemple des plus intéressants. J'ai examiné toute une série de staphylocoques de la collection de l'Institut Pasteur. En règle générale, les cultures récemment isolées de l'organisme infecté étaient beaucoup plus virulentes pour les chenilles que les cultures isolées depuis longtemps et ayant vécu dans un milieu artificiel.

EXPÉRIENCE 45a. — 10 chenilles ont reçu dans le corps une injection de 1/10 de cent. cube d'une émulsion épaisse de staphylocoques alb.

Après 20 ou 24 heures, toutes les chenilles périrent. Pour étudier la phagocytose, on prit leur sang, on en fit des préparations et on compta la quantité de phagocytes ayant absorbé des microbes.

20 minutes après on en trouva....	9 p. 100
30 minutes après on en trouva....	30 —
1 heure après on en trouva......	65 —
2 heures après on en trouva....	70 —
3 heures après on en trouva....	75 —
4 heures après on en trouva....	65 —

Ainsi que le montre ce tableau, la phagocytose atteint le maximum d'intensité après trois heures. Puis la réaction phagocytaire commence à baisser, mais néanmoins tous les microbes ont été absorbés par les phagocytes, et même en partie digérés. Le jour suivant nous n'avons pas trouvé de microbes libres dans le sang, mais la majorité des leucocytes bien changés et vacuolisés. La chenille est devenue flasque, elle se meut avec peine et, finalement, elle meurt.

En examinant au microscope la chenille morte, on est frappé par l'absence complète de microbes libres dans le sang. Tous les staphylocoques se trouvent soit dans l'intérieur des phagocytes, soit à l'intérieur des agglomérations de phagocytes. Mais cela ne sauve pas l'animal qui meurt après que tous les microbes ont été éloignés du sang par l'activité des phagocytes. Il meurt, à ce qu'il paraît, d'épuisement et d'intoxication provoqués par les produits de décomposition des microbes dans les phagocytes.

Nous avons observé le même phénomène après avoir infecté des chenilles avec de très fortes doses de sarcines, microbes qui sont, eux aussi, peu virulents pour les chenilles. Après l'injection de petites ou moyennes doses, les chenilles ont facilement raison des sarcines qu'elles digèrent ; mais si elles sont injectées à de fortes doses, les chenilles ne vivent que deux-trois jours. En examinant le sang des chenilles infectées, nous avons trouvé que la réaction phagocytaire, d'abord très faible, devient de plus en plus énergique. Après dix-quinze heures, toutes les sarcines sont absorbées par les phagocytes qui en deviennent à tel point bourrés qu'on ne voit plus ni le noyau, ni le protoplasme. Mais cette phagocytose ne sauve point la chenille qui meurt, en quelque sorte, aseptiquement, c'est-à-dire en l'absence totale de sarcines libres dans le sang.

Véritable victoire à la Pyrrhus, l'animal meurt au moment même où il réussit à évacuer de son sang tous les microbes introduits dans son organisme.

Ainsi que nous l'avons dit plus haut, la phagocytose s'observe non seulement envers les microbes peu virulents, mais aussi envers les microbes extrêmement virulents.

En injectant, par exemple, dans la cavité générale de la chenille le charbon ou le microcoque *galleriæ*, on provoque une phagocytose très intense qui dure sans relâche jusqu'à la mort.

Dans d'autres cas, nous ne trouvons la phagocytose que dans les stades primaires de l'infection mortelle. Puis, au fur et à mesure que la maladie se développe, la phagocytose diminue peu à peu et les microbes, ne trouvant plus d'obstacles, se multiplient et donnent une infection générale. Tel est le cas dans les infections des chenilles provoquées par des microbes variés : *B. coli*, *proteus*, *Bacterium galleriæ* n° 4, *choléra Pol.*, etc. (dans toutes ces expériences, il est nécessaire de choisir les races les plus virulentes).

Enfin, dans le troisième cas, la phagocytose fait complètement défaut. Ainsi, par exemple, en infectant des chenilles avec le *Bacterium galleriæ* n° 2 ou bien avec le pneumocoque n° 3, la phagocytose n'a pas du tout lieu. Les microbes injectés se multiplient sans obstacle dans le corps des chenilles et déterminent une infection générale qui mène à la mort.

C'est donc toute une gamme de phagocytoses à divers degrés que nous trouvons dans les infections mortelles : 1° absence de phagocytose du commencement jusqu'à la fin ; 2° phagocytose au début de l'infection et qui cesse peu à peu dans la suite ; 3° phagocytose absente ou très faible au début de l'infection, se développant dans la suite ; 4° phagocytose du commencement jusqu'à la fin de l'infection.

Comme nous l'avons vu plus haut, les infections les plus graves et les plus rapides s'observent ordinairement dans les deux premiers cas, soit quand il y a absence totale de phagocytose, soit quand la phagocytose a lieu au début pour disparaître ensuite.

Les troisième et quatrième cas s'observent surtout dans les infections provoquées par des cultures moins virulentes.

CHOIX DE LA NOURRITURE

Les phagocytes peuvent-ils choisir leur nourriture, ou bien absorbent-ils tout ce qu'ils rencontrent dans le sang et dans le corps de l'animal, sans se soucier de la toxicité ni de la digestibilité de la substance injectée ?

Pour résoudre cette question, nous avons essayé d'introduire dans le corps des chenilles diverses matières colorantes, les unes absolument inoffensives, les autres assez toxiques. Nous injectâmes du carmin, de la sépia, de l'encre de Chine, de l'ocre, bleu de cobalt, du jaune de cadmium, du jaune de chrome, etc...

Dans tous ces cas, nous trouvâmes une très forte phagocytose.

Toutes ces expériences semblent indiquer que les phagocytes sont privés de l'aptitude à choisir et à distinguer les substances inoffensives ou nocives introduites dans l'organisme. Cependant, des expériences ultérieures montrèrent que les phagocytes sont réellement aptes à choisir leur nourriture.

Comme nous l'avons démontré, les phagocytes des chenilles possèdent une chimiotaxie négative pour les *Bacterium galleriæ* n° 2. Si l'on introduit ces bactéries mélangées à des staphylocoques ou à des micrococques *galleriæ*, on obtient un tableau intéressant. Tandis que les staphylocoques et les micrococques sont absorbés immédiatement par les phagocytes, les bactéries n° 2 restent tout le temps en dehors des cellules (fig. VII).

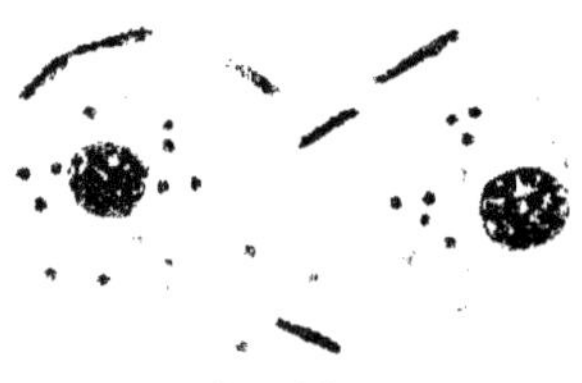

Fig. VII.

La même expérience peut être faite d'une autre manière : une émulsion de bactéries n° 2 et de carmin est injectée à la chenille. Une ou deux heures après, on trouve que déjà une grande quantité de carmin a été absorbée par les phagocytes, tandis que les bactéries n° 2 restent intactes dans le sang. Cela montre que les phagocytes peuvent réellement distinguer et choisir leur nourriture. Les phagocytes des animaux supérieurs sont doués de la même aptitude : il suffit de rappeler les expériences intéressantes de Bordet.

Bordet introduisait dans le corps du cobaye une culture de streptocoques d'une extrême virulence. Au début, les phagocytes les absorbaient, puis l'absorption cessant peu à peu, les streptocoques restaient en dehors des cellules ; à ce moment, il introduisait dans le corps du cobaye une émulsion de proteus qui était facilement absorbée par les phagocytes, alors que les streptocoques restaient libres dans le liquide péritonéal jusqu'à la mort de l'animal. Les phagocytes, qui manifestent une chimiotaxie positive à l'égard de *Proteus* montrent une chimiotaxie négative par rapport aux streptocoques.

« Les leucocytes ne sont pas paralysés, au contraire, ils présentent des mouvements en tous sens d'une remarquable activité. Ici intervient un facteur important, la chimiotaxie négative, et nous insistons sur ce point... Cette manière de voir explique que les phagocytes, guidés par leur sensibilité chimiotactique, peuvent choisir entre les divers microbes avec lesquels ils se trouvent en contact. »

Des expériences semblables ont été effectuées par Silberberg et Zaeleny, qui injectèrent à des lapins une culture de choléra des poules. Les phagocytes, tout en ne touchant pas aux coccobacilles du choléra des poules, continuèrent d'absorber les staphylocoques (1).

Il ne reste donc aucun doute : les phagocytes possèdent réellement l'aptitude à choisir leur nourriture, tout comme tant d'autres animaux unicellulaires : les amibes, les infusoires, etc...

La question du choix de leur nourriture par les amibes et les infusoires est restée longtemps sans être éclaircie d'une manière satisfaisante. Il y a plus de dix ans de cela, nous effectuâmes nombre d'expériences sur les paramécies, qui démontrèrent d'une façon évidente, absolue, que les infusoires sont aptes, non seulement à choisir leur nourriture, mais encore à apprendre à distinguer une nourriture utile d'une autre nocive ou inutile (2).

Toute une série d'ouvrages nouveaux sur les amibes et les infusoires confirme largement notre manière de voir concernant le choix de leur nourriture par les animaux unicellulaires (3).

D'un intérêt tout particulier sont les travaux sur les amibes, lesquelles ressemblent beaucoup plus aux phagocytes par leur structure et leurs fonctions.

Tout récemment parurent les travaux de Schaeffer. Ce savant indique que les amibes peuvent très bien choisir leur nourriture et absorber des substances surtout digestibles.

(1) *Ann. Institut Pasteur*, **14**, 1900.
(2) *Arch. de Zool. expérim.*, **9**, 1911, p. 373.
(3) Lund. The relation of bursaria to food. *Journ. Exper. Zool.* 16.

L'amibe, non seulement distingue très bien les particules digestibles de celles qui sont indigestes, mais elle peut encore se tirer d'embarras dans les cas où l'aliment qui lui est servi contient des parcelles des deux sortes. Elle sépare elle-même les éléments nutritifs de ceux qui ne le sont pas, absorbant les premiers et rejetant les seconds (1).

DIGESTION INTRACELLULAIRE

Le dernier acte par lequel s'achève la réaction phagocytaire est la digestion intracellulaire. Absorbés par les phagocytes, les microbes se dissolvent peu à peu, soit d'une manière immédiate dans le protoplasme du phagocyte, soit dans les petites vacuoles qui se forment souvent autour du microbe.

L'examen microscopique montre que lors de l'absorption, par exemple, de staphylocoques peu virulents ou de sarcines, une dissolution progressive a lieu dans le protoplasma du phagocyte. Les microbes qui se coloraient bien par le bleu de méthylène perdent peu à peu cette aptitude. Si la dose des microbes injectés n'a pas été bien forte, tous les microbes disparaissent du sang après cinq-huit heures. Mais la digestion, dans la plupart des cas, n'est pas encore terminée. Tous les phagocytes, avec les microbes absorbés, s'éloignent au fond des organes, y forment des agglomérations où s'achève la digestion. Il n'est pas rare alors d'observer la pigmentation des microbes en digestion.

Le même phénomène a lieu lorsqu'on injecte des bactéries et des bacilles virulents : *B. coli*, choléra, proteus, charbon, etc... L'examen microscopique montre que certaines bactéries subissent toute une série d'altérations : souvent elles augmentent de volume, se désagrègent et sont résorbées peu à peu par le protoplasme. Les vibrions du choléra se transforment très vite en granulations rondes et se dissolvent dans le protoplasme des phagocytes (fig. VIII). Les

(1) A. A. SCHAEFFER. Choice of food in amebæ, *Journ. of Anim. Behavior*, **7**, 1917 ; *Biol. Bull.*, **31**, 1916

bactéries du charbon subissent des transformations particulièrement intéressantes : absorbées par les phagocytes, elles

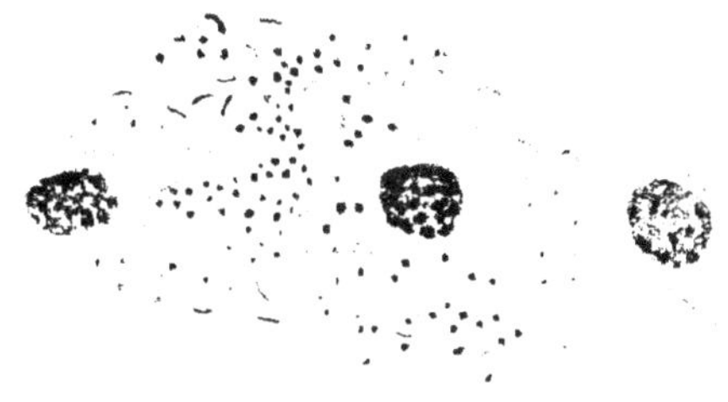

Fig. VIII.

augmentent de volume, se déforment peu à peu et se dissolvent (fig. IX). Cette augmentation de volume, ce gonfle-

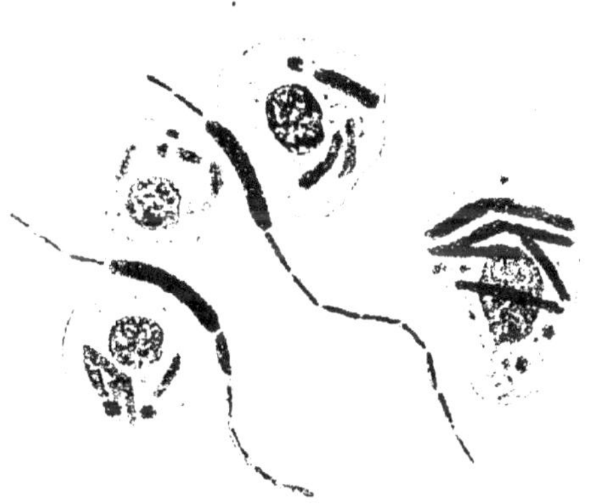

Fig. IX.

ment, n'ont pas seulement lieu à l'intérieur des phagocytes,
mais aussi dans leur voisinage, et particulièrement à la suite
du contact immédiat avec eux. Ici, nous avons sans doute
un phénomène analogue à celui qui fut observé par Cantacuzène chez les *Sipunculus nudus* et les écrevisses (1). Ce

(1) Le problème de l'immunité chez les invertébrés. *Soc. de Biol*
Célébration du 75ᵉ anniversaire, 1923.

phénomène a été dénommé par lui : « Réaction de contact ». Ce qui est caractéristique de ces réactions, c'est qu'elles ont lieu dans le voisinage des cellules, comme s'il y avait une zone d'action au delà de laquelle la réaction est impuissante.

Le phénomène de l'agglutination, décrit par Mottox, au contact de l'amibe et des *Bacterium coli*, présente un exemple typique (1).

Le gonflement et la pigmentation analogues s'observent également lorsque les phagocytes ont englobé les bacilles tuberculeux et autres bacilles acido-résistants.

Comme nous l'avons démontré, la rapidité de la digestion dépend non seulement de la quantité de bactéries injectées, mais aussi de la température.

Cette affirmation découle clairement des expériences sur la tuberculose pisciaire. Ainsi que nous l'avons déjà indiqué dans d'autres ouvrages (2), les chenilles possèdent une immunité absolue par rapport à toutes les espèces de bacilles tuberculeux. Les bacilles de la tuberculose pisciaire font exception : injectés dans le corps de la chenille, ils sont vivement absorbés par les phagocytes ; vingt-quatre heures après, leur quantité non seulement n'a pas diminué dans l'intérieur des phagocytes, mais elle y a sensiblement augmenté. Nombre de phagocytes contiennent une telle quantité de bacilles qu'ils ressemblent à de petits sacs remplis de bacilles tuberculeux. Quelque temps après, leur destruction commence et la chenille meurt de septicémie. Cela n'a lieu toutefois que si les chenilles infectées avec la tuberculose pisciaire se trouvent à la température de la chambre (15-18°). Si on les place dans le thermostat à 35°-37°, les phagocytes prennent le dessus sur les microbes. A cette température, les bacilles de la tuberculose pisciaire, absorbés, se digèrent très bien à l'intérieur des phagocytes et toutes les chenilles se rétablissent (3).

Sans doute, la quantité de microbes englobés a aussi son

(1) Mottox. *Ann. Inst. Pasteur*, **16**, 1902, p. 454.
(2) *Ann. Inst. Pasteur*, **34**, 1920.
(3) J'ai examiné 3 cultures de la tuberculose pisciaire, dont une seule se montra virulente, les 2 autres n'étaient que très peu virulentes

influence sur le processus de la digestion. Si l'on injecte
à la chenille une très grande quantité de microbes quelconques non virulents, par exemple de sarcines ou de staphylocoques, les phagocytes s'en bourrent à tel point qu'ils ne sont
pas en état de les digérer et qu'ils se détruisent eux-mêmes.

Dans d'autres cas, les phagocytes ne sont pas en état de
digérer les microbes englobés parce que, paraît-il, ces derniers dégagent certaines substances toxiques.

Le protoplasme du phagocyte s'emplit de vacuoles transparentes, puis le phénomène de la phagocytose intervient.
Dans certains cas (choléra virul., charbon, etc.), de très
grandes vacuoles se forment et les phagocytes mêmes se
gonflent outre mesure (fig. X). Comme résultat, c'est la

Fig. X.

prompte destruction des phagocytes et la mort des chenilles.

La diminution rapide de la quantité de leucocytes, après
l'injection de tel ou tel autre microbe, est un mauvais signe
et indique que la chenille est gravement malade. La formation de pigment brun foncé comme résultat de la digestion
des microbes s'observe dans l'infection produite par des
microbes variés tels que la tuberculose, le charbon, le choléra, le typhus, la dysenterie, le *subtilis* et beaucoup d'autres.
Le processus d'oxydation dans le sang de la chenille étant
suivi du dégagement du pigment brun foncé, la formation
de ce pigment, lors de la digestion des microbes, indique la
participation de ferments d'oxydation. A l'approche de la
septicémie, il n'est pas rare que tout le sang et la chenille
elle-même se colorent en brun foncé : premier symptôme
de maladie mortelle.

Dans les dix-quinze dernières années, il a été fait beaucoup pour l'étude des ferments de la digestion intracellulaire des phagocytes (1).

Dans son excellent livre, récemment paru, N. Fiessinger donne un aperçu des travaux concernant la digestion intracellulaire. Selon lui, les leucocytes et les phagocytes contiennent presque tous les ferments que nous trouvons dans l'intestin des animaux et qui sont élaborés par diverses glandes : « Il y a là une constitution curieuse « et qui, au point de vue évolutif, semble prouver que les « leucocytes ont subi une différenciation d'une complexité « troublante. Le leucocyte du sang est devenu une glande à « tout faire, peut-être une glande de suppléance située sur « la dernière étape des substances incorporées pour en effec- « tuer les transformations qu'auraient laissées incomplètes « les glandes digestives. Mais ce n'est pas tout : le leucocyte « est pour la même raison l'agent d'arrêt et de transforma- « tion des intoxications et des infections. Protégeant la per- « sonnalité biologique de l'organisme, il va lutter, par son « activité phagocytaire, par ses ferments, par ses anticorps « (qui ne sont que des ferments d'un autre ordre), pour « enrayer l'évolution morbide. »

Outre l'oxydase, les leucocytes contiennent diverses protéases, nucléases, amylases, maltases, lipases, présures et thrombines. Tous ces ferments sont élaborés par une seule et même cellule. Pour étudier les ferments des leucocytes, on se sert ordinairement d'extraits de pus ou de corpuscules du sang tirés des exsudats.

Cette méthode est inapplicable aux chenilles qui ont trop peu de sang et de cellules du sang. Dans ces cas-là, nous nous servîmes de la méthode appliquée par Metchnikoff dans l'étude de la digestion intracellulaire chez les infusoires et autres protozoaires. Il joignait à la nourriture de ceux-ci divers colorants indicateurs changeant de couleur sous l'action de l'acidité ou de l'alcalinité : alizarine, rouge congo, tournesol bleu, rouge neutre, etc.

(1) N. Fiessinger. *Les ferments des leucocytes*, 1923, Masson, édit., Paris.

On sait que METCHNIKOFF a démontré que la digestion intracellulaire a lieu dans un milieu acide. Il appliqua cette méthode à l'étude de la digestion chez les phagocytes. Selon lui, la digestion chez les macrophages du cobaye a lieu, de même, dans un milieu acide.

Si à une goutte d'exsudat de cobaye, injecté au préalable avec du sang d'oie, on ajoute une quantité minime d'une faible solution de rouge neutre, une teinte rouge apparaît aussitôt indiquant une réaction acide. Cette coloration dure plusieurs heures avant de disparaître.

Le rouge neutre se décolorant dans un milieu alcalin, METCHNIKOFF en donna l'explication suivante : « Ce phéno-« mène final doit être attribué à la neutralisation de l'acide « par le protoplasma alcalin macéré dans le liquide après la « mort des macrophages. »

Pour l'étude de la réaction intraphagocytaire chez les che-nilles, nous introduisîmes dans le corps de cet insecte une émulsion de bactéries ou d'une substance quelconque, puis, une demi-heure après, la phagocytose étant déjà en pleine activité, nous injectâmes des indicateurs, c'est-à-dire une solution d'alizarine, de rouge congo ou de rouge neutre. Le meilleur résultat, toutefois, est obtenu par la méthode *in vitro*, soit par l'addition de rouge neutre à une goutte de sang, ainsi que le pratiquaient METCHNIKOFF, HIMMEL (1) et autres. Nous essayâmes aussi d'injecter des microbes morts teints de rouge congo et d'alizarine. Dans beaucoup de ces cas, nous observâmes une brusque réaction acide suivie d'une réaction alcaline. Pareille alternance de réac-tions s'observe généralement à l'injection de microbes divers, et surtout à l'injection de substances albuminées. Les réac-tions acides prédominent, surtout quand on injecte des corps gras (émulsion d'huile) ou d'amidon.

Ces expériences ne nous donnent pas, malheureusement, le tableau complet de ce qui se passe dans la cellule vivante. Il faudrait pour cela observer la même cellule pendant des heures hors de l'organisme. Cependant les leucocytes des chenilles ne vivent qu'un temps très court hors de l'orga-

(1) METCHNIKOFF. *Immunité*, p. 80.

nisme et leur sang se modifie très vite sous l'influence de l'oxydation.

Comme complément à ces expériences, nous citerons celles qui furent faites par nous sur la digestion intracellulaire des infusoires et qui éclaircissent bien des choses (1). L'avantage que présentent les infusoires est qu'on peut observer une seule cellule pendant des heures. Nous avons nourri les infusoires avec des substances diverses et nous avons étudié les changements de réactions au moyen de différents indicateurs.

Nous avons aussi constaté que la cellule s'adapte, pour ainsi dire, à la nourriture et change, sous l'influence de celle-ci, ses réactions digestives. En nourrissant les infusoires, par exemple de *proteus* et de *coli*, la digestion s'effectue généralement dans un milieu alcalin ; si on les nourrit d'albumine, soit d'une émulsion de jaune d'œuf, un changement régulier des réactions a lieu : d'abord acide pendant quinze-vingt minutes, puis alcaline pendant deux-trois heures. En les nourrissant, au contraire, de matières grasses ou d'hydrates de carbone, la réaction acide domine. Le même fait, à ce qu'il paraît, a lieu dans la digestion intracellulaire des phagocytes qui peuvent s'adapter à la nourriture, élaborer tel ou tel ferment et varier leurs liquides digestifs en raison de la composition de la nourriture absorbée.

FORMATION DE CELLULES GÉANTES ET DE CAPSULES

Quand les phagocytes sont incapables de détruire les microbes dans un court délai, pour la raison que ceux-ci se multiplient trop vite ou se digèrent difficilement, on observe alors leur tendance à s'agglomérer et à former des cellules géantes. C'est, en somme, une sorte de coopération des cellules grâce à laquelle un double but se trouve atteint : d'abord la fixation de grandes masses de microbes dans un

(1) MÉTALNIKOV. *Arch. de Zool. expérim.*, **9**, 1911, p. 373.

lieu déterminé, puis la fusion des cellules rendant disponible en un point quelconque une grande quantité de sucs digestifs qui augmentent l'intensité de la digestion intracellulaire.

Une formation semblable de cellules géantes s'observe non seulement après l'injection des microbes (bacilles tuberculeux, charbon, subtilis), mais aussi après l'injection de matières indigestes (carmin, encre de Chine et autres).

La formation de cellules géantes ou plasmodes commence aussitôt après l'injection de telle ou telle substance. Trois à quatre heures après l'injection de fortes doses de

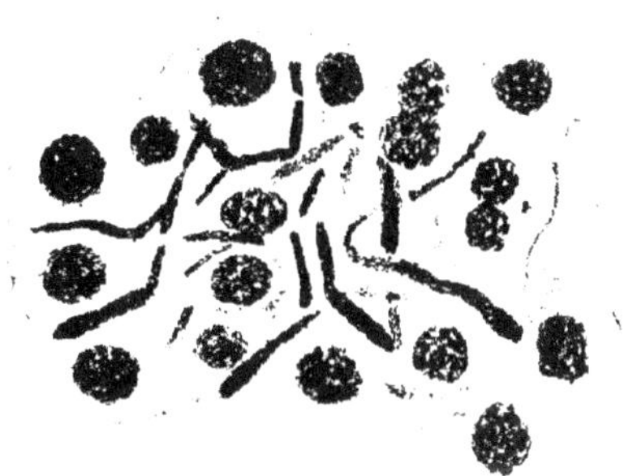

Fig. XI.

microbes du charbon ou de la tuberculose, on trouve déjà dans le sang (sur les frottis et sur les coupes) les cellules agglomérées à l'intérieur desquelles se voient des masses de microbes (fig. XI). Les proleucocytes prennent part à la formation de ces plasmodes. Ces plasmodes, avec le temps, dégénèrent peu à peu et de nouveaux leucocytes affluent de toutes parts vers la périphérie : ils se disposent là concentriquement, s'étendant souvent en longs filaments. C'est ainsi que se forment, tout autour des amas, des capsules compactes, à l'intérieur desquelles tous les microbes se digèrent et se transforment en un pigment brun foncé (fig. XII). Ces processus sont tout à fait analogues à ce qui se passe chez les animaux supérieurs lors de la formation du tubercule.

Les mononucléaires, et notamment les grands éléments

lymphatiques dénommés macrophages, artisans les mieux
qualifiés des processus chroniques, entourent peu à peu
le foyer microbien, fusionnent volontiers pour constituer
des cellules géantes dans lesquelles on retrouve des bacilles
et des débris cellulaires. Les bacilles continuant à se développer, le centre du tubercule dégénère, se transforme en
matière caséeuse.

Parallèlement à la constitution des tubercules et des capsules, nous trouvons souvent chez les chenilles des processus
qui rappellent les abcès observés lors des infections cutanées
chez les animaux supérieurs. Si l'on injecte aux chenilles une

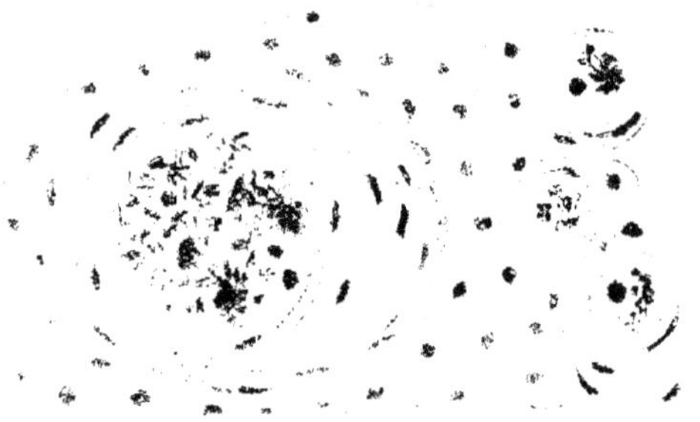

Fig. XII.

grande quantité de certaines cultures de races peu virulentes
(par exemple de *perfringens* ou de charbon), on peut souvent remarquer, quelques jours après l'infection, des taches
noires sur la peau, disposées en différentes parties du corps.
L'étude de ces taches sur les coupes a montré que nous
avons là de grandes agglomérations de leucocytes entourant
des masses de microbes déjà à moitié digérés et transformés
en un pigment brun foncé. Ces agglomérations gisent immédiatement sous la peau (fig. XIII). Peu à peu, à cette même
place, l'épiderme et la cuticule commencent à se pigmenter.
La cuticule, finalement, ayant crevé, le contenu de cette
agglomération se trouve à nu. Mais un nouvel épiderme se
forme au-dessous. L'analogie avec l'abcès est frappante.

Dans ses expériences sur les grillons, SOUSLOFF (1) a décrit quelque chose d'analogue. Ayant injecté aux grillons de l'encre de Chine, il remarqua que les phagocytes l'absorbaient et la transportaient vers l'épiderme, puis, de là, vers l'extérieur, sous la cuticule.

Il est intéressant de noter que nous n'avons observé la formation d'abcès que très rarement et seulement après l'in-

Fig. XIII.

jection de certains bacilles, mais dans la plupart des cas il se forme des agglomérations et des capsules comme cela a lieu après l'injection des bacilles tuberculeux.

Lors de la formation des capsules, les leucocytes affluent de toutes parts vers le foyer infecté et, formant une membrane de tissus conjonctifs, l'entourent. L'abcès présente

(1) SOUSLOFF. *Travaux de la Soc. d'Hist. nat.*, Saint-Pétersbourg, **35**, 1906.

quelque chose de plus compliqué. Lors de sa formation, la couche supérieure des leucocytes contiguë à la peau dégage certains ferments qui décomposent les tissus circumjacents et préparent une issue au pus ; l'apparition du pigment foncé est le résultat des processus de forte oxydation comme dans le cas du processus de la digestion intracellulaire. En même temps, les leucocytes se trouvant du côté opposé, agissent tout autrement : loin de détruire les tissus circumjacents, ils adhèrent fortement les uns aux autres et forment au fond de l'abcès un tissu compact qui empêche les microbes de pénétrer dans l'intérieur de l'organisme. Comment comprendre, comment expliquer ce travail, si conforme au but, des leucocytes se trouvant dans le même milieu et agissant dans un sens opposé ?

Il nous semble qu'on ne le comprendrait qu'en admettant l'hypothèse que les leucocytes se trouvent sous l'influence de centres nerveux pouvant régler et diriger leur travail dans un sens ou dans un autre. Mais cette hypothèse doit être prouvée par des faits bien établis que nous ne possédons pas encore. Cependant nous avons fait une série d'expériences, sur des grenouilles et des chenilles, qui ont déjà donné certains résultats, démontrant le rôle des centres nerveux dans les réactions de l'immunité.

RÉACTION DES CELLULES

Tout organisme représente un système harmonique. La moindre infraction à cette harmonie, par l'introduction dans l'organisme de doses même minimes de substances quelconques étrangères, y provoque une brusque réaction de toutes les cellules qui tendent à rétablir l'équilibre rompu.

Ces réactions des cellules constituent la base de la défense et de l'immunité.

Tout d'abord, nous voyons réagir les cellules mobiles, c'est-à-dire les leucocytes, les proleucocytes, les lymphocytes, etc. Ce n'est pas seulement la quantité de telles ou telles cellules qui varie beaucoup, mais aussi, à un certain degré, leur aspect extérieur. En d'autres termes, la réaction se fait non seulement par la cellule dans son entier, mais aussi par ses parties isolées et surtout par le protoplasme et le noyau. Le protoplasme, dans certains cas, devient plus clair et, dans d'autres cas, il devient plus compact et granuleux. Il laisse souvent voir des granulations et des incorporations variées se colorant de différentes couleurs. Quelquefois, sous l'influence de tel ou tel autre excitant, des vacuoles apparaissent. Ces vacuoles peuvent atteindre de grandes dimensions et la cellule s'abîme peu à peu, mettant à nu les sécrétions contenues dans le protoplasme. La destruction de la cellule ou cytolyse n'est pas toujours un processus pathologique. Nous avons souvent trouvé la cytolyse après l'injection de substances inertes et de microbes qui ne provoquent point une infection dangereuse. Apparemment, c'est un processus physiologique normal au moyen duquel les cellules réagissent à l'introduction de certaines substances dans le corps.

L'agglutination des leucocytes et la formation des agglomérations est aussi une des réactions typiques qu'on trouve ordinairement dans le sang après l'injection des différents microbes.

Le caractère le plus typique de toutes ces réactions, c'est leur spécificité. Chaque substance, chaque microbe, introduit dans le corps, provoque une réaction spécifique. La quantité de cellules différentes qui participent à cette réaction, leur rapport mutuel, la durée de la réaction, l'englobement des microbes, la digestion et, enfin, l'aspect extérieur, la forme des cellules et la structure du protoplasme, tout est typique pour chaque excitant, pour chaque réaction.

Nous avons fait un très grand nombre d'expériences : Nous avons introduit les substances les plus variées dans le corps des chenilles (colorants, substances inertes, microbes) et toujours nous avons observé la spécificité des réactions. Cette spécificité peut se remarquer tout d'abord aux changements du protoplasme et même à l'attitude que prend, à l'intérieur de la cellule, la substance absorbée. Je citerai quelques exemples des plus caractéristiques. On ne peut apercevoir toutes les variations caractérisées des cellules qu'en appliquant les colorants indiqués ci-dessus : MAY-

Grünwald et panchrome de Pappenheim. On sait que l'injection de bacilles tuberculeux est tout à fait inoffensive pour les chenilles ; néanmoins la moindre dose injectée provoque des variations caractéristiques. Déjà dix à quinze minutes après l'injection, on peut voir apparaître, dans le protoplasme des phagocytes, une granulation caractéristique, se colorant en rouge par le panchrome de Pappenheim (fig. XIV).

Quelques heures après, il se forme une agglomération de leucocytes qui se transforment en une cellule géante ou plasmode. A l'intérieur de ces plasmodes, s'effectuent le gonfle-

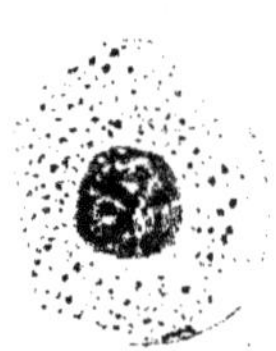

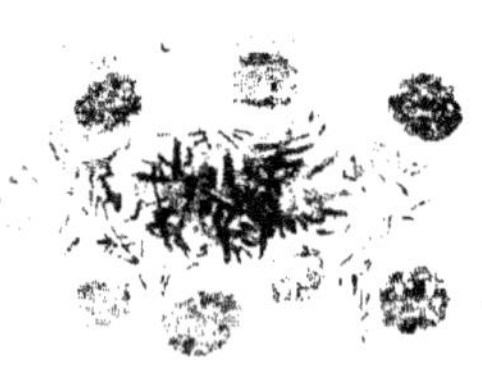

FIG. XIV.   FIG. XV.

ment des bacilles tuberculeux, la pigmentation et la digestion desdits bacilles pour lesquels la formation de capsules est aussi très caractéristique (v. fig. XV).

Les bacilles lépreux, comme nous l'avons démontré, provoquent une réaction un peu différente. Ce qui est tout d'abord caractéristique, c'est la disposition de ces bacilles à l'intérieur du protoplasme (v. fig. XVI). Ils restent longtemps sans subir aucun changement et, semble-t-il, se multiplient même à l'intérieur des phagocytes. Il n'est pas rare de voir la phagolyse se déclarer, suivie de l'exode des bacilles lépreux à l'extérieur où ils sont engloutis par d'autres phagocytes.

Comme dans les cas de tuberculose, il se forme des agglomérations de cellules, mais celles-ci ne fusionnent point et ne donnent pas de plasmodes typiques.

L'injection de vibrions cholériques donne une série de

réactions typiques : absorbés par les phagocytes, ces vibrions se transforment en granules qui se trouvent souvent à l'intérieur de petites vacuoles. Quelquefois, ces granules se forment au contact des phagocytes et sur leur surface, avant d'être englobés.

Une injection de vibrions très virulents provoque la formation des vacuoles. Celles-ci souvent se gonflent démesurément et la cellule même se décompose peu à peu (v. fig. XVII).

Fig. XVI.   Fig. XVII.

On trouve parfois une quantité de ces vacuoles dans le sang des chenilles malades. Nous avons souvent observé la formation de cellules allongées, fusiformes (fig. VIII).

Des réactions très typiques sont provoquées par le charbon. De même que dans les cas de tuberculose, on trouve dans le protoplasme des granulations éosinophiles. Les bactéries englobées se gonflent énormément et sont peu à peu digérées par la cellule.

Des changements tout aussi caractéristiques sont provoqués par l'injection de staphylocoques, de micrococques n° 3, de sarcines, de bacilles de la dysenterie, etc.

Il suffit de jeter un coup d'œil sur les dessins ci-joints pour voir combien les réactions des cellules sont diverses.

La figure XVIII nous montre la phagocytose des staphylocoques quatre heures après l'injection. Si la dose est très forte, il se forme une quantité de petites vacuoles dans le protoplasme, qui amènent une cytolyse. Tout autre est le tableau si on injecte des micrococques (fig. XIX). Le microcoque est très bien phagocyté, mais il ne provoque pas la formation de vacuoles dans le protoplasme.

Les bacilles pesteux sont phagocytés en grandes masses

Fig. XVIII.   Fig. XIX.   Fig. XX.

et remplissent tout le protoplasme des phagocytes (fig. XX). Les bacilles *Coli* sont aussi très bien phagocytés et transformés en granules. Le protoplasme des phagocytes reste homogène (fig. XXI) et ne se vacuolise pas.

La figure XXII représente la phagocytose de sarcines peu virulentes qui sont englobées en grande quantité. Le protoplasme des phagocytes contient beaucoup de vacuoles et une masse de microbes.

Fig. XXI.   Fig. XXII.

L'étude de tous ces changements non seulement sur les frottis, mais aussi sur les coupes, nous montre que chaque microbe, chaque substance introduite dans l'organisme de l'animal, provoque toute une série de réactions spécifiques.

Mais cette spécificité ne s'exprime pas seulement par les changements de la cellule même, par les modes d'engloutissement, de digestion et de destruction des microbes, mais aussi par les variations de la formule leucocytaire. Comme je l'ai déjà indiqué, on trouve ordinairement dans le sang de la chenille six formes différentes de cellules mobiles.

Proportion pour 100 d'éléments sanguins chez la chenille normale.

Lymphocytes et proleucocytes............ 45,4
Leucocytes 5o,4
Cellules sphéruleuses 3,2
Cellules sphéruleuses vides 1

Les œnocytes étant très peu nombreux dans le sang d'une chenille normale, je les passe sous silence.

Proportion pour 100 d'éléments sanguins après l'injection de Bacterium galleriæ

	15 m.	3o m	1 h.	2 h.	3 h.	4 h.	24 h.
Lymphocytes et proleucocytes .	57	66,4	59	56	62	61,5	92,8
Leucocytes	36,2	29,7	33.5	41,5	28,8	36	4
Cellules sphéruleuses. . . .	3,3	1,2	5,2	2	o,6	1,1	o
Cellules sphéruleuses vides. .	o	o	o	o	6,2	o	3,2

Proportion pour 100 d'éléments sanguins après l'injection réitérée de Bacterium galleriæ aux chenilles ayant reçu préalablement des bactéries réchauffées.

	3o m.	1 h.	2 h.	3 h.	4 h.	5 h.	6 h.	24 h.
Lymphocytes et proleucocytes .	75,4	63,7	69,6	75,5	79,4	84	86,2	87,2
Leucocytes	26,6	33,9	28,4	33,3	18,9	4,2	10,4	9,6
Cellules sphéruleuses. . . .	5,6	o	o	o	1	1,5	o,8	2,1
Cellules sphéruleuses vides. .	o	2	o,2	1	1	7,5	1,7	1,1

Proportion pour 100 d'éléments sanguins après injection d'une dose non mortelle de vibrions cholériques.

	15 m	3o m.	2 h.	5 h.	8 h.	24 h.	48 h
Lymphocytes et proleucocytes .	64,5	67,4	70	84,4	91,8	81,5	84
Leucocytes	3o,5	25,4	8.7	15,2	6,6	16	14
Cellules sphéruleuses. . . .	3,9	6,2	17.7	o,4	1,6	2,5	2
Cellules sphéruleuses vides. .	1,1	o,9	2,6	o	o	o	o

*Proportion pour 100 d'éléments sanguins chez la chenille immunisée
après injection de vibrions vivants.*

	15 m.	30 m.	2 h.	5 h.	8 h.	24 h	48 h.
Lymphocytes et proleucocytes.	68,8	68,6	65,1	70,5	93,8	76	81,1
Leucocytes	12,7	3,6	6,7	4,5	2,3	23,5	15,1
Cellules sphéruleuses. . . .	12,1	13	35,6	12,7	1,3	2,5	2,9
Cellules sphéruleuses vides. .	6,4	14,8	2,6	3,3	2,6	0	0.3

Ce qui frappe dans ces expériences, c'est la rapidité avec
laquelle les éléments cellulaires réagissent contre l'introduction de substances étrangères dans le corps. Déjà quinze
minutes après l'injection, la formule leucocytaire se modifie
brusquement. La quantité des lymphocytes et des proleucocytes augmente sensiblement tandis que celle des leucocytes diminue. Les premiers augmentent progressivement
et, quelques heures après l'injection, atteignent 90 p. 100 ;
les seconds diminuent et, dans certains cas, descendent jusqu'à 3 p. 100 et au-dessous.

Il y a aussi augmentation dans la proportion des sphéruleuses et des sphéruleuses vides.

Après des injections réitérées, toutes ces réactions augmentent sensiblement de force.

On sait que les chenilles n'ont pas d'organes particuliers
produisant les globules du sang dont tous les éléments se
forment, paraît-il, de lymphocytes et de proleucocytes qui
se multiplient par la division. Une si brusque variation de
la formule leucocytaire doit s'expliquer par l'aptitude que
possède la cellule à réagir brusquement et à changer en
quelque sorte sa structure extérieure sous l'influence de tel
ou tel excitant.

Il ne faut pas oublier, toutefois, que ces variations leucocytaires, de même que les changements survenus dans les
cellules elles-mêmes, dépendent, non seulement de tel ou
tel microbe, de tel ou tel excitant, mais aussi de toute une
série d'autres causes : la température, l'âge de l'animal,
son état physiologique, la qualité et la quantité des substances injectées, etc...

On peut dire que chaque réaction de l'organisme est, au fond, originale, individuelle, et ne se répète point. Chaque réaction de l'organisme représente un acte non réitérable de la nature, et si, néanmoins, nous parlons de spécificité de la réaction, nous entendons par là les traits typiques communs que nous pouvons trouver dans les phénomènes infiniment divers que présentent les réactions des cellules.

IX

INFLUENCE DU SYSTÈME NERVEUX
SUR L'IMMUNISATION

Pour démontrer l'action du système nerveux sur les phénomènes d'immunité, nous avons entrepris toute une série
d'expériences sur des chenilles de *Galleria mellonella* qui
conviennent très bien pour ces sortes de recherches. Elles
s'immunisent très facilement envers toute une série de microbes. En outre, elles présentent cet avantage que leurs centres nerveux sont logés au-dessous des téguments et sont très
faciles à détruire par la brûlure ; nous nous sommes servis,
pour cette opération, d'un fil de platine chauffé au rouge.

D'abord, nous avons essayé de brûler les ganglions cérébraux. Les chenilles supportent bien cette opération et vivent
ensuite deux ou trois semaines. Elles conservent la faculté
de se mouvoir, mais elles ne mangent rien et ne font pas
de cocons. Elles meurent finalement sans pouvoir se transformer en chrysalides et papillons.

Nous avons obtenu les mêmes résultats en brûlant le premier et le second ganglions thoraciques. Tout autres sont
les résultats si l'on brûle le troisième ganglion thoracique :
la chenille tombe sur le côté et reste paralysée dix-quinze
jours ; cependant elle est vivante, elle réagit aux excitations,
mais elle ne bouge pas, ne mange pas. Elle ne se transforme
pas en chrysalide.

La brûlure des ganglions ventraux est moins nuisible : les
chenilles restent mobiles, font leurs cocons, mais ne se transforment pas en chrysalides. Toutes les chenilles opérées ont

été immunisées par l'injection de cultures chauffées à 58°
de Choléra M.

Ainsi que nous l'avons démontré précédemment, cette
culture est peu virulente pour les chenilles, mais elle immu-
nise mieux que les cultures très virulentes. Après vingt-
quatre heures, les chenilles sont toutes immunisées ; nous
leur injectons alors des doses minima mortelles de vibrions
vivants.

EXPÉRIENCE 500. — Le 7 novembre, nous avons brûlé les ganglions
cérébraux de 10 chenilles. 1 heure après cette opération, 5 chenilles
étaient immunisées par l'injection des cultures chauffées. 5 autres chenilles sont restées non immunisées.

24 heures après, toutes les chenilles ont reçu des doses mortelles
de Choléra M vivant.

	Après 24 heures	Après 48 heures
5 chenilles immunisées	5 vivantes	5 vivantes
5 chenilles non immunisées. . .	3 viv , 2 mortes	5 mortes

EXPÉRIENCE 503. — Le 24 novembre, nous avons brûlé, chez
30 chenilles, les premier, second et troisième ganglions thoraciques.

2 heures après cette opération, 15 chenilles étaient immunisées, les
15 autres ne l'étaient pas.

Le lendemain 25 novembre, toutes les chenilles ont reçu des doses
mortelles de Choléra M vivant.

	Après 24 heures	Après 48 heures	Après 70 heures
5 chen. sans gang. thor 1 immun.	5 vivantes	5 vivantes	3 viv., 2 m
5 » » 1 non im.	3 viv., 2 m.	2 viv., 3 m.	5 mortes
5 » » 2 immun.	5 vivantes	5 vivantes	4 viv , 1 m
5 » » 2 non im	2 viv., 3 m.	1 viv., 4 m	5 mortes
5 » » 3 immun.	2 viv., 3 m.	1 viv., 4 m.	5 mortes
5 » » 3 non im.	5 mortes	5 mortes	5 mortes
5 » témoins immunisées.	5 vivantes	5 vivantes	5 vivantes
5 » » non immun.	3 m , 2 viv.	1 viv., 4 m.	5 mortes

EXPÉRIENCE 505. — Le 28 novembre, nous avons brûlé, chez
20 chenilles, les ganglions ventraux. 24 heures après cette opération,
10 chenilles étaient immunisées, les autres sont restées non immunisées.

Le 3o novembre, toutes les chenilles ont reçu des doses mortelles de Choléra M vivant.

	Après 24 heures	Après 48 heures
10 chenilles immunisées	10 vivantes	9 viv., 1 morte
10 chenilles non immunisées. . .	2 viv., 8 mortes	10 mortes

Ces expériences montrent que les chenilles normales, les chenilles sans ganglions cérébraux, les chenilles privées du premier ou du deuxième ganglion thoracique ou des ganglions ventraux, sont facilement immunisées contre le choléra. Au contraire, après la destruction de la troisième paire de ganglions thoraciques, l'immunisation est impossible. Ces ganglions semblent donc jouer un rôle important dans les phénomènes d'immunité chez la chenille *Galleria mellonella*.

Nous avons étudié aussi les variations des formules leucocytaires chez les chenilles normales et chez les chenilles opérées après l'injection des émulsions des staphylocoques vivants. Nous donnons ici les résultats de ces expériences :

EXPÉRIENCE 890. — 10 chenilles sans III ganglion thoracique et 10 chenilles de contrôle ont reçu 1/80 de cent. cube d'une émulsion épaisse des staphylocoques. Toutes les chenilles opérées meurent après 24 heures. Les contrôles restent vivants.

Formule leucocytaire et phagocytose des chenilles normales.

	Leucoc.	Proleuc.	Lymph.	Sphérul.	Index phagoc.	Microbes libres
1/2 heure après l'injection . .	36,5	48	2	11,5	45,8	+ + + +
1 heure 1 2 après l'injection . .	36,5	51	4,5	7,5	78	+ +
5 heures après l'injection . .	16,5	64,5	3,5	15	59	0
24 heures après l'injection . .	7	67,5	20	12,5	—	0

Formule leucocytaire et phagocytose des chenilles opérées.

	Leucoc.	Proleuc.	Lymph.	Sphérul.	Index phagoc.	Microbes libres
1/2 heure après l'injection . .	25,5	46	2,5	31	29	+ + + +
1 heure 1/2 après l'injection . .	35	38	1	25	42	+ + +
5 heures après l'injection . .	23,5	54	3	16	32	+ + +
24 heures après l'injection . .	14,5	67,5	1,5	16	13	+ + + +

Après 5 heures se produit la diminution rapide de toutes les cellules libres, et la multiplication des microbes, qui provoquent la mort.

X

SUR L'HÉRÉDITÉ
DE L'IMMUNITÉ ACQUISE

Quoiqu'il existe un très grand nombre de travaux consacrés à cet intéressant problème, nous ne pouvons pas dire qu'il soit résolu définitivement. Tandis que les uns trouvent que l'immunité acquise est héréditaire et peut être transmise aux descendants (CHAUVEAU, ARLOING, CORNEVIN et THOMAS, TIZZONI et CENTANNI), les autres le contestent et démontrent, par des expériences bien établies, que la transmissibilité des caractères acquis n'est pas possible (LÖFFLER, EHRLICH, REMLINGER, VAILLARD, DIEUDONNÉ, KREIDL et MAND, etc.). Tous ces auteurs adoptent les conclusions d'EHRLICH qui, dans un travail célèbre sur les souris immunisées contre la ricine, l'abrine et la robine, a démontré que cette immunité acquise est transmise seulement par la mère et non par le père. C'est pourquoi il pense que l'idioplasme de la cellule génitale n'est pas capable de transmettre l'immunité acquise. Quant à l'immunité transmise par la mère, il faut la considérer comme une immunité passive, car les anticorps peuvent traverser le placenta et même être absorbés avec le lait.

Nous pensons que toutes ces expériences seraient beaucoup plus concluantes si elles étaient faites sur les animaux dont les œufs se développent en dehors de l'organisme maternel, comme chez la majorité des insectes et beaucoup d'invertébrés.

Puisque les insectes s'immunisent facilement contre les différents microbes, nous nous sommes demandé s'il n'était pas possible de transmettre cette immunité acquise aux générations suivantes.

Pour résoudre ces questions, nous avons entrepris une série d'expériences sur les chenilles de *Galleria mellonella*. Ces insectes sont particulièrement commodes pour ce genre de recherches, car ils se développent très vite et pendant toute l'année. La vie d'une génération est de six à huit semaines à la température de 30°. Ainsi pendant une année nous avons pu avoir six à huit générations. Nous avons immunisé nos chenilles avec une culture chauffée de vibrion cholérique M., peu virulente. Il faut bien déterminer la dose minima mortelle et faire toutes les expériences avec la même race de microbes. Nous avons immunisé chaque génération deux ou trois fois en injectant de très petites doses aux jeunes chenilles.

Les chenilles immunisées sont placées dans des bocaux contenant de la cire à la température de 25-30°. Après six à huit semaines, apparaît une nouvelle génération. Une partie des chenilles est soumise à la vaccination. L'autre est inoculée par des bacilles vivants. Nous faisons ordinairement plusieurs expériences en inoculant dix à vingt chenilles avec des doses minima mortelles du vibrion cholérique vivant.

On injecte la même dose aux témoins, chenilles normales.

Après trois ou quatre jours, nous comptons les chenilles vivantes et les chenilles mortes et nous calculons le pourcentage.

Nous donnons ci-dessous le résultat des expériences :

CHENILLES IMMUNISÉES

GÉNÉRATIONS	POUR 100
I	0
II	0
III	30
IV	16
V	0
VI	42
VII	45
VIII	72
IX	75
X	77
XIII	60
XIV	48

Comme le montre ce tableau, les deux premières générations n'ont pas donné de chenilles immunisées. Mais nous avons continué les expériences.

La troisième génération a donné 30 p. 100.

La quatrième et la cinquième ont donné 16 p. 100 et 0 p. 100.

Cet insuccès s'explique par ce fait que nous avons changé un peu le mode d'immunisation. Nous avons entrepris d'injecter aux chenilles des doses énormes de vaccin, en espérant provoquer une immunité plus forte, mais les chenilles ainsi traitées sont devenues plus sensibles.

La cinquième génération a été immunisée comme les précédentes par des doses très petites. C'est pourquoi la génération VI a donné déjà 42 p. 100 de survivants. Dans les générations suivantes, nous trouvons déjà une augmentation sensible des survivants.

Ainsi nous pouvons dire que l'immunité acquise est transmissible aux générations suivantes, mais à la condition que plusieurs générations successives soient immunisées.

Ces résultats expliquent peut-être les controverses sur la question de l'hérédité des caractères acquis. Les expérimentateurs se bornaient à l'étude d'une ou deux générations et, ne trouvant pas les caractères acquis dans ces générations, ils niaient l'hérédité de ces caractères.

Cependant nous voyons qu'un nouveau caractère pour être héréditaire doit être élaboré par une série de générations successives. C'est un travail de plusieurs et même peut-être de beaucoup de générations.

Malheureusement, nous avons été obligé d'interrompre nos expériences pour un certain temps, car nos cultures ont été frappées par une infection qui empêchait le développement normal des chenilles. Nous avons réussi à grand'peine à conserver un petit nombre de chenilles qui donnèrent la XI⁰ et XII⁰ générations restées non immunisées. La XIII⁰ génération fut un peu plus nombreuse et nous avons pu faire une expérience qui a montré que les chenilles ont conservé partiellement leur immunité (60 p. 100). La XIV⁰ génération a donné très peu de chenilles dont 48 p. 100 étaient quand même immunisées.

XI

L'ANAPHYLAXIE ET L'IMMUNITÉ

Malgré le grand nombre de travaux consacrés à la solution de la nature de l'anaphylaxie, ce problème est encore loin d'être résolu.

La plupart des savants travaillant dans ce domaine considèrent surtout dans l'anaphylaxie le choc causant une mort soudaine qui survient immédiatement après la seconde introduction d'un antigène dans le sang d'un animal. Considérant ce choc comme un des caractères les plus typiques de l'anaphylaxie, beaucoup d'auteurs cherchent surtout à élucider les causes mêmes et la nature de ce choc.

Cependant ce choc ne constitue aucunement le point essentiel de l'anaphylaxie pas plus que les symptômes qui d'ordinaire l'accompagnent. Le trait le plus caractéristique de l'anaphylaxie est l'hypersensibilité, qui se manifeste régulièrement après l'introduction d'un antigène, même à dose minime. Il est caractéristique ensuite que cette hypersensibilité se produit non seulement vis-à-vis des substances nuisibles, mais même vis-à-vis des substances albuminoïdes paraissant les plus inoffensives, comme, par exemple, le blanc d'œuf, le lait ou le sérum. Un autre point caractéristique à noter est que cette hypersensibilité survient après une période de dix à quatorze jours, c'est-à-dire à un moment où l'organisme acquiert l'immunité vis-à-vis d'un certain antigène.

Tous ces faits sont jusqu'à un certain point en contradiction avec nos idées sur l'immunité. On aurait pu, en effet, s'attendre à ce que l'immunisation, c'est-à-dire l'introduction dans un organisme de quelque agent virulent ou toxique, provoquât une adaptation de la part de l'organisme, qui deviendrait moins sensible vis-à-vis de doses croissantes de ces agents virulents et toxiques.

La question se pose de savoir : comment concilier ces idées sur l'immunité avec l'anaphylaxie, c'est-à-dire avec ce fait que l'organisme devient beaucoup plus sensible vis-à-vis d'un antigène après l'introduction de doses minimes de celui-ci ?

Cette contradiction entre l'anaphylaxie et l'immunité constitue, à notre avis, le problème principal et fondamental dont la solution au moyen de recherches expérimentales est à l'ordre du jour.

Durant les dix dernières années, de nombreux travaux et traités entiers consacrés aux différentes questions ayant rapport à l'anaphylaxie ont été publiés. Les divers phénomènes de l'anaphylaxie furent reproduits et étudiés non seulement sur le lapin et le cobaye, mais aussi sur beaucoup d'autres animaux. Dernièrement les phénomènes de l'anaphylaxie ont été décrits par A. LUMIÈRE et H. COURTURIER (1) qui les constatèrent même chez les plantes, c'est-à-dire dans des organismes dépourvus de sang et de nerfs. Les mêmes symptômes d'hypersensibilité peuvent être observés sur certains microbes, comme le prouvent les travaux de CH. RICHET, BACHRACH et CARDOT (2). Tout ceci montre que l'anaphylaxie est un phénomène très répandu dans la nature, et qui présente une importance considérable au point de vue de la biologie générale.

C'est pourquoi il est nécessaire, pour comprendre et mettre à jour le problème de l'anaphylaxie, de diriger l'étude non seulement sur les animaux supérieurs, avec leur système de circulation complexe et leurs organes si divers, mais aussi sur les invertébrés et les plantes avec leur organisation plus simple. Aussi est-il nécessaire de baser le problème de l'anaphylaxie sur un fondement d'ordre biologique général.

Les susdites considérations m'ont amené à entreprendre

<hr>

(1) C. R. Acad. Sc., **172**, 1921, p. 1313.
(2) C. R. Acad. Sc., **172**, 1921, pp. 512 et 1554.

une série d'expériences sur différents animaux invertébrés.

Mes expériences ont porté en première ligne sur la chenille de la mite des abeilles (*Galleria mellonella*).

De petites doses de sérum de cheval dilué furent introduites dans la cavité cœlomique de jeunes chenilles de *Galleria mellonella*. Après douze à quatorze jours, ces mêmes chenilles reçurent l'injection de sérum de cheval à des doses et concentrations variées. Je ne pus cependant constater aucun symptôme d'hypersensibilité. Même en injectant des doses énormes de sérum de cheval dans la cavité cœlomique des chenilles, ces dernières ne manifestent aucun des symptômes de l'anaphylaxie. J'ai procédé à la même expérience en me servant d'autres sérums, toujours sans obtenir de résultats perceptibles. Cependant, étant complètement insensibles vis-à-vis du sang d'autres animaux, les chenilles de la mite des abeilles manifestèrent une sensibilité extraordinaire vis-à-vis de leur propre sang. Il suffit, en effet, de prélever, au moyen d'un tube effilé, une petite goutte de sang à une de ces chenilles et d'injecter ensuite ce sang à cette même chenille ou à une autre de la même espèce, pour obtenir une sorte de choc anaphylactique. L'animal manifeste une forte excitation, se meut dans tous les sens, son corps se contracte convulsivement, l'extrémité postérieure du corps est relevée ; au bout de deux à trois minutes, l'animal tombe sur le côté ou se renverse sur le dos et meurt, si la dose de sang injecté est assez grande et si le sang a subi une oxydation considérable. Plus le sang de la chenille reste exposé à l'action de l'air, plus il devient toxique. Par contre, si la dose a été faible et si le sang n'a pas été suffisamment oxydé, les chenilles se réveillent après une à deux heures d'état comateux et se remettent complètement. Ces phénomènes rappellent par leur aspect extérieur le choc anaphylactique, mais il est clair qu'ils n'ont rien de commun avec ce dernier, surtout vu l'absence d'une immunisation préalable, c'est-à-dire d'une injection préalable d'antigène.

Des expériences ultérieures ont démontré que la mort soudaine des chenilles serait due probablement à l'action coagulatrice du sang oxydé, action qui produit la formation de coagulums entravant la circulation du sang (1).

Des expériences analogues ont été faites avec une autre chenille (*Cnethocampa pityocampa*). Là les symptômes de choc après injection du sang de l'animal se produisent d'une façon encore plus accentuée que chez la *Galleria mellonella*.

Toutefois j'ai pu observer, chez cette dernière également, les phénomènes typiques d'hypersensibilité et d'anaphylaxie. C'est en immunisant les chenilles contre des vibrions du choléra très peu virulents que j'ai obtenu pour la première fois ces phénomènes. Les chenilles se laissent très facilement et rapidement immuniser contre le choléra. Après quelques heures, elles supportent facilement les doses minimales mortelles. Mais, tout en supportant facilement les doses minimales mortelles, elles deviennent beaucoup plus sensibles vis-à-vis des fortes doses, en comparaison avec les chenilles normales.

Voici quelques expériences :

Expérience 436. — On coupe une patte à la chenille de *Cnethocampa pityocampa*. En la pressant légèrement, on obtient plusieurs gouttes de sang, qu'on rassemble dans un tube effilé, 2 minutes après on injecte ce sang à la même chenille ou à une autre. (Chaque chenille reçoit de 1/10 à 1/20 de cent. cube de sang). Aussitôt après l'injection, les chenilles manifestent une forte excitation, se contractent convulsivement et meurent en quelques minutes.

Le même sang injecté aux chenilles de *Galleria mellonella* ne provoque aucun phénomène morbide chez ces derniers.

Expérience 437. — Par une méthode analogue, on prélève plusieurs gouttes de sang chez les chenilles de *Galleria mellonella*. On laisse ce sang dans un verre de montre 3-5 minutes en contact avec l'oxygène de l'air. Ce sang oxygéné est injecté à 5 chenilles de *Galleria mellonella* ; 2-3 minutes après l'injection, le choc typique et la mort de 3 chenilles. Les deux autres se réveillent après 1-2 heures d'état comateux et se remettent complètement.

Le même sang injecté à 5 chenilles de *Cnethocampa pityocampa* provoque un choc typique et la mort de toutes les chenilles injectées.

Expérience 339. — 10 chenilles reçurent dans la cavité générale 1/80 de cent. cube de vibrions cholériques chauffés à 58°.

(1) Le sang des chenilles ne se coagule qu'à la surface quand il est mis en contact avec l'oxygène de l'air.

I. — Le lendemain, 5 chenilles immunisées sont injectées par une dose minima mortelle de vibrions vivants. Après 24-48 heures toutes les chenilles sont bien portantes et vivantes.

5 chenilles normales de contrôle injectées par la même dose de vibrions vivants sont mortes en 15-24 heures.

II. — 5 autres chenilles immunisées sont injectées par une dose très forte de vibrions vivants (1/10 de cent. cube d'une émulsion épaisse de vibrion cholérique de 24 heures sur gélose).

10-15 minutes après l'injection, toutes les chenilles sont très malades ; 2-3 heures après, elles meurent. 5 chenilles normales de contrôle sont injectées par la même dose de vibrions vivants. 2-3 heures après l'injection, elles sont encore bien portantes et vivantes. Elles ne meurent que 8-10 heures après l'injection.

Expérience 400. — 4 chenilles reçurent 2 fois une faible dose de vibrions cholériques chauffés à 58°.

5 jours après, les mêmes chenilles sont injectées par une dose très forte de vibrions vivants. 2-3 minutes après l'injection, 3 chenilles meurent. La 4e chenille meurt 1 heure après ; 5 chenilles normales de contrôle, injectées par la même dose, meurent en 6-10 heures.

Expérience 402. — 5 chenilles reçurent 2 fois une faible dose de vibrions cholériques chauffés à 58°.

2 jours après les mêmes chenilles sont injectées par une dose très forte de vibrions cholériques. 2-3 minutes après l'injection, 2 chenilles meurent subitement. Les 3 autres meurent en 1-2 heures après l'injection. 5 chenilles de contrôle meurent en 6-12 heures.

Nous avons souvent répété ces expériences. Dans tous les cas, les chenilles immunisées qui supportaient très bien des doses sûrement mortelles de choléra virulent étaient plus sensibles que les chenilles normales, non immunisées aux doses fortes du même virus.

Nous avons à plusieurs reprises observé un phénomène très curieux qui ressemblaient beaucoup au choc anaphylactique des animaux supérieurs. Les chenilles immunisées, injectées avec une forte dose d'une émulsion de vibrions cholériques, mouraient en deux-trois minutes (expériences 400 et 402). Malheureusement cette expérience ne réussit pas toujours pour des raisons que nous n'avons pas encore pu saisir. Les chenilles immunisées sont très bien préservées contre les petites doses de virus qui peuvent pénétrer dans le corps pendant l'infection naturelle. Mais cette immunité ne les préserve pas contre l'introduction brusque d'une grande quantité de vibrions dans la cavité générale. Au contraire, ces mêmes forces, qui lui assurent l'immunité dans la lutte contre les microbes, provoquent la mort très rapide de la chenille (1).

Ainsi, selon la valeur de la dose de microbes, nous obtenons chez le même animal, ou les phénomènes de l'immunité (doses faibles) ou ceux de l'anaphylaxie (doses fortes).

Nous trouvons des phénomènes analogues chez les animaux supérieurs.

Ce fait est bien connu que les cobayes se laissent facilement immuniser contre le choléra au moyen d'injections sous-cutanées du vaccin.

Si on injecte à un cobaye immunisé une dose faible de vibrions cholériques, il la supporte très bien. Au contraire, ce même cobaye, injecté avec une forte dose dans les veines ou dans le péritoine, meurt très vite, souvent subitement, tandis que le cobaye normal, non immunisé, injecté avec la même dose, n'en meurt qu'après une assez longue période.

Delanoë a étudié l'anaphylaxie typhique et il a constaté qu'elle coïncide avec l'immunité. « Suivant la dose de l'injection déchaînante, on observe tantôt de l'immunité (avec des doses faibles), tantôt de l'anaphylaxie (avec des doses fortes) » (2).

D'après Koch et Wassermann, on observe le même phénomène dans la tuberculose.

Si l'on injecte des bacilles tuberculeux pour la seconde fois, sous la peau, ils donnent une réaction beaucoup plus rapide et moins intense qui ne produit pas de chancre et se guérit assez vite. On a pu démontrer que tout dépend de la quantité des doses injectées. Si on dépasse ces doses, et surtout si les bacilles tuberculeux sont injectés dans les veines ou dans le péritoine, ils provoquent une mort très rapide, tandis que les cobayes normaux supportent très bien les mêmes doses (3).

(1) C. R. Acad. Sc., **172**, 1921, p. 336.
(2) Ch. Richet, Anaphylaxie, p. 135.
(3) A. Wassermann, Immunität bei Tuberculose. Zeit f. Tub., **34**, 1921, p. 596.

J'ai fait des expériences analogues avec les bacilles tuberculeux pisciaires. Les cobayes normaux supportent des doses énormes de ces bacilles, injectées dans le péritoine. Mais si un cobaye préalablement immunisé reçoit ensuite une dose forte de bacilles pisciaires dans le péritoine, il meurt très vite d'une inflammation générale du péritoine.

C'est donc un fait général : un animal immunisé, qui résiste très bien à des doses minimes mortelles d'un antigène quelconque, est beaucoup plus sensible à des doses fortes du même antigène que l'animal normal non immunisé.

Quelle est la cause de ce phénomène paradoxal ?

Nous supposons qu'elle est dans la sensibilité des cellules. L'introduction d'un antigène dans l'organisme a pour résultat une augmentation de la sensibilité des cellules pour ce même antigène. Les cellules deviennent hypersensibilisées, c'est-à-dire qu'elles commencent à réagir beaucoup plus énergiquement, plus fortement qu'auparavant envers ce même antigène.

C'est cette hypersensibilité des cellules qui est la cause de l'immunité (si la dose de l'antigène est faible) et de l'anaphylaxie (si la dose est forte). Injecté dans les veines ou les cavités du corps, l'antigène provoque des réactions brusques des cellules, des réactions inflammatoires, généralisées et des chocs.

Le fait que l'immunisation provoque toujours une hypersensibilisation des cellules est bien prouvé aussi par le phénomène de l'anaphylaxie locale (phénomène d'Arthus).

Le fait est bien connu. Si on introduit sous la peau d'un lapin un peu de blanc d'œuf ou d'un autre antigène, la réaction locale est très faible. La seconde injection produit une réaction plus forte. Les injections suivantes (3e-5e) attirent une énorme quantité des globules blancs et provoquent la formation de grandes suppurations et d'abcès.

Les expériences de GRINEFF (1) et MANOUKHINE (2) ont démontré qu'on peut empêcher l'anaphylaxie locale en injec-

(1) GRINEFF. *C. R. Soc. Biol.*, **72**, 1912, p. 979.
(2) MANOUKHINE et PODERATOWSKY. *C. R. Soc. Biol.*, **73**, 1913, p. 219.

tant la veille dans la veine une petite dose de l'antigène correspondant. C'est le phénomène bien connu de l'antianaphylaxie étudié, pour la première fois, par BESREDKA.

Tout prouve que les cellules ont perdu leur sensibilité envers l'antigène donné. Quelle en est la cause ?

Pour comprendre ces résultats, il faut s'adresser aux travaux classiques de PFEFFER sur la chimiotaxie des anthérozoïdes des fougères. Ces anthérozoïdes ont une chimiotaxie positive très nette pour l'acide malique en solution faible. Si on remplit des tubes capillaires avec cet acide et si on les introduit dans l'émulsion des anthérozoïdes vivants, ces derniers, attirés par l'acide malique, entrent dans les tubes en grande quantité. Si, au contraire, comme l'a démontré PFEFFER, on ajoute une petite dose de l'acide dans l'émulsion qui renferme les anthérozoïdes, ceux-ci ne sont plus attirés par les faibles doses d'acide malique qui sont dans les tubes. C'est ainsi que les petites doses d'antigène injectées aux animaux anaphylactisés rendent les cellules moins sensibles aux doses qui les excitaient et les attiraient auparavant. La condition nécessaire pour que la sensibilité puisse se conserver et se manifester, est l'absence d'antigène dans les humeurs (1). Le contact prolongé des cellules avec l'antigène les accoutume, les rend moins sensibles à l'action de l'antigène et empêche la manifestation de l'anaphylaxie. On peut dire que toutes les causes qui diminuent la sensibilité de la cellule ont la faculté de produire l'antianaphylaxie.

Les expériences bien connues de ROUX et BESREDKA sur l'action des narcotiques chez les animaux anaphylactisés confirment pleinement notre hypothèse.

Les narcotiques qui diminuent la sensibilité des cellules, suppriment les phénomènes de l'anaphylaxie. D'après l'expérience mémorable de ROUX et BESREDKA, l'éther, le chloral, etc., sont des antianaphylactiques.

Ils n'empêchent l'anaphylaxie qu'en paralysant les réactions des cellules. Mais ils empêchent aussi l'immunité, car

---

(1) Ces faits expliquent pourquoi la sensibilisation des animaux se produit plus vite si on injecte de petites doses, car les petites doses sont plus vite résorbées et éliminées.

ils diminuent la sensibilité et la résistance des phagocytes et des autres cellules qui prennent part à la défense de l'organisme contre les microbes et leurs toxines.

C'est ainsi qu'on peut dire qu'à la base de tous les phénomènes d'immunité et d'anaphylaxie se trouve la sensibilité des cellules. C'est grâce à cette sensibilité que les phagocytes sont attirés vers les microbes, les englobent et les digèrent ; grâce à cette sensibilité que les cellules secrètent les différentes substances nuisibles pour les microbes ; grâce à cette sensibilité que se produisent des inflammations et des phénomènes d'anaphylaxie locale et générale.

Le fait fondamental de l'anaphylaxie et de l'immunisation, c'est que, par une substance albuminoïde hétérogène, les cellules de l'organisme se sont modifiées de telle sorte qu'elles vont réagir avec plus d'intensité à l'injection de cet antigène. Les cellules sont devenues sensibles, c'est-à-dire immunisées ou anaphylactisées.

Une fois qu'elles sont sensibilisées, elles ont pour très longtemps (un an, deux ans, peut-être plus encore) acquis cette propriété (Charles Richet).

Ce ne sont pas seulement les phagocytes qui sont devenus sensibles envers un antigène donné, mais toutes les cellules de l'organisme. Dans l'immunité comme dans l'anaphylaxie, nous avons un complexe de réactions ou de réflexes des différentes cellules.

En étudiant le mécanisme de l'immunité chez les chenilles (1), nous avons pu observer que l'introduction d'un antigène quelconque provoque une réaction très énergique des phagocytes et de toutes les autres cellules : lymphocytes, protoleucocytes, cellules sphéruleuses, etc.

Chez une chenille immunisée, la phagocytose, la digestion des microbes englobés, la bactériolyse et toutes les autres réactions des cellules se passent beaucoup plus rapidement que chez une chenille normale.

Et cette accélération des réactions a lieu non seulement après l'injection des microbes et de leurs toxines, mais aussi de substances neutres, peu toxiques, comme le carmin, le

(1) Ann. Institut Pasteur, **36**, 1922, p. 333.

blanc d'œuf, le lait, etc. Chaque organisme vivant constitue un système harmonique qui se régularise par lui-même.

La moindre violation de ce système par l'introduction d'une substance étrangère provoque une réaction de toutes les parties du système, de toutes les cellules de l'organisme.

« Or, quoiqu'il ne puisse être ici question que d'hypothèses, on peut admettre que la défense de l'organisme n'est pas seulement une défense des individus, mais encore une défense de l'espèce. Il ne s'agit pas seulement pour chaque individu de maintenir son existence, il faut encore que ces individus restent semblables à eux-mêmes.

« Si des substances hétérogènes pouvaient impunément pénétrer dans l'organisme et modifier ses propriétés chimiques fondamentales, pénétrant dans le protoplasme pour en altérer la nature, alors c'en serait fait de la constitution somatique de chaque espèce animale, fruit d'une lente et ancestrale acquisition.

« Il faut que l'être soit stable, et c'est pour le maintien de cette stabilité qu'il réagit avec tant d'énergie aux atteintes chimiques qui peuvent l'affecter. Pour l'état optimum du cobaye, il ne faut pas que les sérums de lapin et de chien puissent remplacer son sérum de cobaye, et alors il y a violente réforme réactionnelle, quand, pour la seconde fois, par une tentative d'effraction et une voie anormale, son individualité chimique de cobaye est menacée. » (Ch. Richet).

De ce point de vue, on ne peut pas expliquer l'immunité et l'anaphylaxie par l'action séparée de telle ou telle substance, de telle ou telle cellule. L'immunité est le résultat des efforts combinés de toutes les cellules de l'organisme.

Les travaux remarquables de W. Schultz, Dale et autres sur les organes isolés le démontrent avec certitude.

W. Schultz (1) est le premier qui ait appliqué les méthodes des organes isolés pour l'étude de l'anaphylaxie. Il prenait des organes d'animaux immunisés et les plaçait suspendus dans du sérum artificiel. L'addition au bain de minimes quantités d'antigènes provoque une réaction très forte des organes sensibilisés, tandis que les organes des animaux

(1) W. Schultz. *Journ. Pharm. and Exp. Therap.*, **1**, 1910

normaux, non immunisés, réagissent très peu, presque pas.

DALE (1) fit des recherches analogues sur l'utérus du cobaye entièrement isolé du corps.

L'utérus du sujet anaphylactisé, isolé et débarrassé de toute trace de sang ou de sérum, se contracte violemment au contact d'une faible quantité d'antigène. Tandis que l'utérus sensibilisé se contracte après l'addition au bain de 0,025 et même de 0,0025 cent. cubes d'antigène (sérum de cheval), l'utérus normal ne réagit pas même à un cent. cube de cet antigène.

Le muscle utérin provenant d'un animal immunisé vis-à-vis de plusieurs antigènes, irrigué successivement par chacun d'eux, donne lieu chaque fois à une contraction caractéristique.

Vu que la sensibilisation de l'utérus commence et se développe parallèlement à l'apparition des caractères de l'anaphylaxie, DALE l'envisage comme un symptôme d'anaphylaxie locale et l'interprète comme l'expression d'une propriété musculaire qui manifeste son action en dehors de la collaboration du sang.

Les mêmes expériences ont été faites par A. CESARIS-DEMEL (2) et LARSON (3).

Ils ont étudié les réactions du cœur isolé du lapin ou du cobaye sensibilisé par le sérum de veau ou de cheval, le lait ou l'albumine d'œuf, quand il est irrigué au moyen du liquide de LOCKE, accompagné d'antigène. Le cœur de cobaye sensibilisé vis-à-vis du sérum de cheval s'affaiblit et ne bat plus qu'avec lenteur quand on introduit dans ce liquide un peu de sérum de cheval.

En somme, le cœur serait sensibilisé comme le sont l'intestin et l'utérus et comme l'est le mésentère chez les grenouilles étudiées par FRÖHLICH. Et cette sensibilité est propre aux cellules et ne dépend pas des humeurs et du sang, comme l'ont bien démontré COCA, FRANVESSY, FREUND et autres.

COCA prenait des animaux sensibilisés (activement et pas-

(1) DALE. *Journ. Pharm. and Exp. Ther.*, **4**, 1912-1913, p. 167.
(2) A. CESARIS DEMEL. *Arch. Ital. de Biol.*, 1910.
(3) LARSON. *Ann. Institut Pasteur*, **25**, 1911, p. 561.

sivement) et remplaçait leur propre sang par le sang défibriné d'un animal normal. Ainsi il a réussi à éliminer l'action des humeurs et des anticorps. Cependant la sensibilité de cellules envers l'antigène donné se conservait complètement. Fenyvessy et Freund sont arrivés aux mêmes résultats en appliquant les mêmes méthodes. Quand l'animal est immunisé passivement, ses cellules fixent la sensibilisatrice et deviennent sensibilisées.

Le fait qu'il existe une période d'incubation dans l'anaphylaxie passive (quatre-six heures) plaide en faveur de cette hypothèse. Le fait fondamental que nous observons dans l'anaphylaxie et l'immunité est l'hypersensibilité des cellules. Les cellules de l'organisme injecté par une substance albuminoïde hétérogène ont été modifiées de telle sorte qu'elles vont réagir alors avec plus d'intensité contre l'introduction de cet antigène.

On peut dire que, pendant l'immunisation, toutes les cellules se mobilisent contre les microbes ou l'antigène donné, comme si c'était un vrai ennemi. Si cet antigène ennemi réapparaît dans l'organisme, les phagocytes se précipitent avec une grande rapidité sur lui. Toutes les autres cellules réagissent aussi : les cellules phagocytaires fixes, les cellules des tissus conjonctifs, les vaisseaux, les nerfs, etc.

Il se produit une réaction inflammatoire, une suppuration, un abcès. Toutes ces réactions sont très utiles pour l'organisme, parce qu'elles empêchent la pénétration des microbes dans le sang et dans les cavités du corps. Plus les cellules sont sensibles, plus elles réagissent intensément pour la défense de l'organisme.

C'est un fait général dans le règne animal et végétal. Vaviloff, qui a fait un travail très intéressant sur l'immunité des plantes, écrit :

« Les cellules des plantes possèdent une sensibilité extrême envers les différents parasites ; plus elle est marquée, plus se manifeste l'immunité de la plante. Souvent ces cellules sensibles se nécrosent très vite et sont rejetées au dehors (1). »

(1) Vaviloff. Immunité des plantes. *Thèse russe*, 1921.

Dans les conditions normales, le virus pénètre sous la peau ou sous la muqueuse en petite quantité et la réaction inflammatoire, qui s'observe ici, protège très bien l'organisme. Tout autre est le résultat, si l'antigène est introduit directement dans les veines ou dans les cavités générales d'un animal immunisé, dont les cellules sont hypersensibilisées. Les réactions inflammatoires sont utiles quand elles occupent une superficie limitée, mais si elles se propagent dans les vaisseaux et les organes internes, elles peuvent y provoquer les troubles et les chocs que nous observons ordinairement dans l'anaphylaxie.

On peut comparer tous ces phénomènes aux brûlures. Quand la brûlure est petite, elle provoque des réactions inflammatoires qui sont douloureuses, mais non dangereuses. Si, au contraire, la brûlure est forte et s'étend sur une grande superficie, les réactions inflammatoires qu'elle provoque peuvent occasionner des troubles graves et des chocs morbides. Ainsi nous pouvons dire que l'anaphylaxie est le résultat des réactions rapides des cellules, sensibilisées par l'immunisation. Ces réactions se manifestent ou sous forme d'anaphylaxie locale, quand l'antigène est introduit sous la peau, ou sous forme d'anaphylaxie générale, quand l'antigène est injecté dans les vaisseaux et les cavités du corps.

De ce point de vue, il n'y a aucune contradiction entre l'anaphylaxie et l'immunité, car les deux phénomènes sont dus à la même cause, l'hypersensibilité des cellules.

XII

LA TUBERCULOSE

Il est certain que la tuberculose est aujourd'hui la maladie
la plus répandue. On est fondé à supposer que tous les êtres
humains sont atteints de tuberculose à un degré plus ou
moins élevé. D'après les observations d'un grand nombre
de médecins, l'examen minutieux des cadavres des malades
ayant succombé aux affections les plus diverses décèle des
traces de contagion tuberculeuse.

Cependant tous ceux qui sont infectés par la tuberculose
n'en souffrent pas et ne meurent pas de cette maladie. Il a été
prouvé que $1/7$ environ seulement des cas mortels peut être
attribué à cette affection. Chez la plupart des individus,
c'est-à-dire chez les $6/7$ de l'humanité, atteints indubitablement de tuberculose, cette affection suit son cours sans
maladie apparente et sans qu'on s'en aperçoive.

Ainsi donc, ces observations elles-mêmes parlent en faveur
de ce que, contrairement à l'opinion généralement répandue,
la tuberculose est une maladie des plus guérissables et dont
l'organisme humain a vite et facilement raison dans la plupart des cas. Ces observations indiquent aussi que l'organisme humain possède des armes naturelles, internes, certaines forces qui sont en état de lutter contre le terrible
parasite.

Ce n'est que par l'existence de ces armes que peut s'expliquer le caractère chronique qu'assument les affections tuberculeuses tant chez l'homme que chez les animaux.

Mais, quelles sont ces armes ? Où se trouvent-elles dans
l'organisme ? Et par quels moyens cet organisme s'en sert-il
dans la lutte contre la tuberculose ? Autrement dit, quelles

sont les causes qui rendent l'organisme insensible ou immunisé par rapport à la tuberculose et à d'autres microbes qui pénètrent dans le sang ou dans les organes ?

La théorie géniale de METCHNIKOFF a ramené, comme nous le savons, tous les phénomènes d'immunité à des phénomènes de digestion. METCHNIKOFF, le premier, a démontré que les microbes qui pénètrent dans l'organisme animal sont dévorés par les globules blancs ou phagocytes et sont complètement digérés par eux comme le sont les bactéries ou les microbes dévorés par quelque infusoire.

Même dans les cas où cette digestion a lieu en dehors des globules sanguins, dans le plasma sanguin, ces liquides digestifs, ou ferments, ont évidemment pour origine les globules sanguins ou phagocytes.

Quelles sont les causes de l'immunité envers la tuberculose ? Quels sont les ferments et les liquides digestifs indispensables à la digestion du bacille tuberculeux ?

Voilà des questions qui présentent un énorme intérêt pratique et théorique. Au lieu de chercher des remèdes et des moyens radicaux contre la tuberculose, ne serait-il pas plus rationnel de se servir des substances qui existent sûrement dans l'organisme de l'homme et des animaux possédant l'immunité contre la tuberculose ? Pour cela il faudrait avant tout étudier les causes de l'immunité, c'est-à-dire déterminer les forces et les armes dont se sert l'organisme pour se débarrasser des bacilles tuberculeux.

Quand nous aurons reconnu ces armes qui existent certainement dans tous les organismes, nous pourrons nous en servir dans la lutte contre la tuberculose.

Mais, où sont ces armes, où se trouvent-elles ? Pour résoudre cette question, il est d'abord nécessaire de savoir ce que sont les bacilles tuberculeux, et en quoi ils se distinguent des autres microbes.

De nombreuses expériences et de nombreuses observations faites sur les bacilles tuberculeux ont démontré indiscutablement que les bacilles tuberculeux sont entourés d'une sorte de capsule qui les rend extrêmement fermes et résistants. Cette capsule se compose d'une certaine substance grasse qui ressemble à la cire par ses propriétés. Cette capsule est

justement la cause de la terrible propagation de la tuberculose dans le monde. Rejetés au dehors avec les crachats et
les sécrétions des malades, les bacilles tuberculeux ne périssent pas par la dessiccation, et se laissent transporter partout
avec les poussières. Selon toute probabilité, c'est la membrane cireuse qui est la cause que le bacille tuberculeux,
ayant pénétré dans l'organisme humain, ne peut être digéré
aussi facilement dans les cellules et les liquides de l'organisme, que cela a lieu avec d'autres microbes, tout simple-
ment parce que l'organisme humain n'est pas adapté à digérer la cire.

Si toutes ces suppositions sont exactes, il est certain que
l'animal capable de digérer la cire et les membranes cireuses
serait doué d'une immunité parfaite vis-à-vis de la tuberculose.

Les animaux qui se nourrissent de cire sont très rares
dans le monde, mais ils existent : c'est le cas de la mite des
abeilles (*Galleria mellonella*) dont les larves habitent les
ruches et se nourrissent de cire.

Mes premières expériences m'avaient déjà montré que ces
chenilles sont douées d'une immunité étonnante vis-à-vis des
bacilles tuberculeux. J'introduisais dans les cavités de leur
corps des quantités énormes de bacilles tuberculeux sans
le moindre préjudice pour leur existence. Traitées ainsi, les
chenilles vivaient normalement et se transformaient en chrysalides et en papillons.

L'examen du sang et des organes internes des chenilles
infectées a démontré que tout d'abord a lieu l'ingestion
rapide des bacilles tuberculeux par des globules sanguins
blancs ou les phagocytes des chenilles, et ensuite leur digestion à l'intérieur de ces phagocytes. Quant aux masses considérables de bacilles tuberculeux, les phagocytes les entourent de toutes parts, s'accollent entre eux et forment ainsi
une cellule géante. A l'intérieur de cette cellule a lieu une
rapide digestion des bacilles tuberculeux et leur transformation en pigment brun-noir. Bientôt cette cellule s'entoure
de globules blancs qui forment autour d'elle une membrane
ou capsule. La masse intérieure qui contient des bacilles

tuberculeux vivants est isolée par cette capsule et séparée des tissus normaux non infectés.

La rapidité avec laquelle se déroule ce processus de formation des capsules est étonnante ; deux à trois heures seulement après l'introduction des microbes s'établissent l'agglomération des phagocytes et la formation des capsules. Le lendemain, il y a déjà des centaines de capsules formées. On peut dire que la plus grande partie des microbes injectés est digérée non pas dans les phagocytes isolés, mais dans ces capsules. Selon la quantité de microbes injectés, il se forme une quantité plus ou moins grande de capsules.

Toutes les capsules contiennent à l'intérieur un pigment brun-noir, ce qui les rend très visibles dans la cavité générale de l'insecte, même à l'œil nu ou encore mieux à la loupe v. p. 82, fig. XII). Elles se présentent comme des taches noires dispersées sur les organes internes de la chenille. La plus grande partie des capsules est logée à la face dorsale, dans la région du cœur, surtout dans le bout postérieur de la chenille ; souvent, dans cet endroit, la quantité de capsules est si grande que les derniers segments de la chenille se présentent colorés en brun-noir.

Cette accumulation des capsules dans le bout postérieur s'explique très facilement par le fait que le sang circule dans la cavité générale de la chenille de la tête vers la queue. C'est ainsi que toutes les agglomérations de microbes et de phagocytes sont entraînées passivement vers le bout postérieur.

Après cet exposé relatif aux formations et au rôle des capsules, nous devons nous demander : sont-elles de véritables tubercules ?

Comme on sait, le tubercule est caractérisé histologiquement par une cellule géante qui est entourée d'une couronne de cellules épithélioïdes et de cellules embryonnaires.

« Le centre de ces formations, le protoplasma, puis les noyaux des cellules géantes, se détruisent ; on n'en distingue bientôt plus que les résidus parmi lesquels les bacilles sont plus ou moins nombreux, irrégulièrement disséminés surtout à la périphérie, au dedans de la zone des cellules épithéliales.

« Lorsque la caséification s'étend, les bacilles colorables diminuent de nombre et finissent par disparaître tout à fait en apparence. En cet état de tubercule caséeux, la lésion peut encore régresser. Alors les cellules embryonnaires qui entourent la petite masse s'organisent en tissu fibreux, formant une paroi dense qui s'épaissit graduellement jusque vers le centre, où l'on ne trouve finalement que des débris de leucocytes (1). »

D'après cette brève description du tubercule vrai des mammifères, nous devons convenir que les capsules des chenilles sont des formations tout à fait analogues. La formation de la cellule géante, sa caséification, les cellules embryonnaires s'organisant en tissu fibreux, tout se passe comme chez les mammifères. La différence est dans la vitesse avec laquelle se produit l'évolution du tubercule. Tandis que chez les mammifères c'est un processus lent, chronique, qui dure souvent des mois et des années, chez la chenille tout se passe très rapidement, en quelques heures.

Quel est le sort ultérieur des tubercules dans le corps la chenille ?

L'examen des coupes de chrysalides et de papillons démontre que toutes les capsules restent intactes chez les chrysalides comme chez les papillons. C'est d'autant plus étonnant que presque tous les organes internes larvaires de la chenille pendant la métamorphose sont détruits et transformés en organes et en tissus nouveaux.

En plaçant les chenilles infectées par les bacilles tuberculeux à des températures basses (10°-12°), on peut ralentir le développement.

C'est ainsi que je pus obtenir des chenilles tuberculeuses qui ont vécu pendant 20 à 30 jours après l'infection.

Les recherches microscopiques démontrèrent que toutes les capsules étaient intactes. Seulement leur contenu — le pigment brun-noir — était devenu plus homogène et liquide.

Qu'est-ce que ce pigment brun-noir ? Présente-t-il quel-

____

(1) A. CALMETTE. *L'infection bacillaire et la tuberculose*, 1re éd., p. 93.

que chose de spécifique pour les bacilles tuberculeux
digérés ?

Comme je l'ai déjà démontré dans mon premier mémoire
sur l'anatomie et sur la physiologie des chenilles (1), la production de ce pigment se manifeste au cours de la phagocytose de divers microbes (subtilis, charbon, etc.). On sait
que le sang des chenilles renferme un ferment spécifique qui
produit, sous l'influence de l'oxygène de l'air, un pigment
brun dont la teinte s'assombrit assez rapidement. La formation de ce pigment à l'intérieur des phagocytes et des capsules démontre que la digestion des microbes est accompagnée d'un processus d'oxydation intense.

La destruction des bacilles tuberculeux dans le sang des
chenilles a-t-elle lieu aussi en dehors des cellules ?

Toutes mes recherches faites dernièrement pour élucider
ce fait, que j'avais soutenu antérieurement, me donnèrent
la conviction qu'il n'y a pas de bactériolyse.

Tous les bacilles tuberculeux sont digérés, soit à l'intérieur de phagocytes isolés, soit à l'intérieur des capsules.

S'il en est ainsi pour les chenilles, que se passe-t-il chez
les chrysalides et chez les papillons ? Sont-ils aussi réfractaires aux bacilles tuberculeux ? Ce serait surtout intéressant
d'étudier l'immunité pendant la métamorphose durant
laquelle les phagocytes jouent, comme on le sait, un rôle
spécial dans la destruction des vieux organes larvaires. Les
phagocytes sont-ils capables de défendre l'organisme à ce
moment critique de la vie pour l'insecte ?

Pour résoudre cette question, j'injectai les bacilles tuberculeux à la chenille au moment précis de sa transformation
en chrysalide. L'étude du sang et des coupes des chrysalides
me donna la conviction que les chrysalides sont aussi
réfractaires aux bacilles tuberculeux que les chenilles. Une
heure après l'injection, on observe déjà une phagocytose
intense. Cinq heures plus tard, on ne trouve plus de bacilles
tuberculeux libres. Tous les bacilles sont englobés soit par
les phagocytes isolés, soit par leurs agglomérations ; de

(1) Arch. Zool. Expér., 38.

dix-huit à vingt-quatre heures après l'injection des bacilles tuberculeux, j'ai trouvé, dans la cavité générale des chrysalides contaminées, des capsules typiques déjà bien formées.

A l'intérieur des capsules, il y avait le pigment brun à côté des bacilles bien colorables par la fuchsine de Ziehl. Il me semble que cette destruction des bacilles tuberculeux se passe ici plus lentement que chez les chenilles.

Toutes les chrysalides injectées par les bacilles tuberculeux se transformèrent en papillons.

J'ai fait les mêmes expériences avec les papillons en leur injectant de l'émulsion de bacilles tuberculeux. Le lendemain, j'ai trouvé tous les bacilles tuberculeux à l'intérieur de petites capsules. Deux jours après l'injection, j'ai constaté la formation de pigment brun-noir et la destruction des bacilles à l'intérieur des capsules.

Ici, comme chez les chenilles, nous avons les mêmes phénomènes : phagocytose, formation des capsules et digestion des bacilles tuberculeux. En nous basant sur ces faits, nous pouvons dire que la mite des abeilles est douée d'immunité naturelle contre la tuberculose à tous les stades de sa vie aussi bien qu'au moment de sa métamorphose.

La destruction des bacilles tuberculeux dans le sang et dans les capsules se passe si rapidement et d'une façon si évidente que je puis affirmer que les chenilles de la mite des abeilles possèdent une immunité extraordinaire vis-à-vis de la tuberculose et que cette immunité est due à l'action des ferments digestifs qui se trouvent à l'intérieur des phagocytes.

Quels sont ces ferments ?

L'étude du sang et des extraits de chenilles, faite par moi avec la collaboration de Mme N. O. Zieber-Schoumov, a démontré que les humeurs des chenilles contenaient une quantité considérable de ferments lipolytiques, c'est-à-dire de ferments qui dissolvent et digèrent les graisses. Dans mes premiers travaux, j'avais émis l'hypothèse que la lipase est, selon toute probabilité, le ferment qui agit sur la membrane graisseuse et cireuse des bacilles tuberculeux. Des expériences et des observations ultérieures, exécutées par différents auteurs, ont confirmé de plus en plus cette hypothèse (1).

On sait que HANRIOT a montré et déterminé quantitativement la présence d'une lipase dans les sérums de l'homme et des animaux.

D'après les données de CARRIER, on trouve le maximum de sérolipase chez le chien et chez l'homme (de 15 à 18) et le minimum chez le cobaye (2). Il est possible que cette circonstance explique la grande sensibilité du cobaye à la tuberculose.

Les quantités de lipase peuvent varier considérablement chez le même individu. Le jeûne fait tomber l'énergie lipolytique. Une alimentation abondante l'augmente, surtout quand on s'alimente avec des graisses. Les diverses maladies influent surtout sur les quantités de lipase. Chez les tuberculeux, on observe une baisse considérable de l'énergie lipolytique en rapport avec le degré de souffrance et le développement plus ou moins rapide de la maladie. Il faut considérer comme une règle générale la diminution de la lipase dans la période terminale de la tuberculose.

Dans ces derniers temps, M. PISNIATCHEVSKY, de Pétrograd (2) s'est occupé du rôle de la lipase dans la tuberculose. Il en a étudié les variations quantitatives chez des centaines de tuberculeux dans les hôpitaux de Pétrograd. Alors que chez les individus sains la moyenne de la lipase est de 13-14, elle descend à 4 et même à 2,5 chez les individus gravement atteints. Une amélioration de l'état du malade et aussi une alimentation graisseuse excessive, permettent d'observer une élévation de l'énergie lipolytique.

Ces seuls faits démontrent que la lipase joue un certain rôle dans la tuberculose.

La question de l'importance de la lipase dans les infections tuberculeuses a été longuement étudiée dans le laboratoire

(1) V. FIESSINGER. Les ferments des leucocytes. Paris, 1923 ; BRUCEL. Lymphocytose. *Berl. Klin. Woch.*, T. **43**, 1921, *Med. Klin. Berl.*, T. XIII, 1917 ; FONTES. Étude sur la tuberculose. *Mém. Inst. Oswaldo Cruz.* 1919.

(2) *Thèse russe*, 1916.

de la regrettée N. O. Ziber-Schoumov, à l'Institut de Médecine expérimentale de Pétrograd. Le Dr Grinew (1) qui s'est occupé de cette question et qui a étudié les variations de la lipase chez l'animal infecté, arrive aux conclusions suivantes : « La diminution de l'énergie intra-cellulaire de la lipase dans la tuberculose chronique est très grande. Dans presque tous les organes ayant servi aux expériences, elle descend jusqu'à la moitié de la quantité initiale. Dans le cœur et dans la rate, cette diminution est moindre, mais dans le foie elle atteint presque 60 p. 100. Les tissus du foie et des poumons sont les plus atteints par la toxine tuberculeuse dans cette affection. »

Les mêmes résultats ont été obtenus par Mlle N. Kotchnev qui a étudié les variations quantitatives des ferments lipolytiques, provoquées par l'injection de bacilles tuberculeux morts.

Toutes ces expériences indiquent que la lipase joue sans aucun doute un certain rôle dans l'affection tuberculeuse.

Pour confirmer cette opinion, il faut aussi considérer l'opinion des médecins sur l'importance que peut avoir pour les malades l'alimentation par les graisses et les aliments gras (huile de foie de morue, crème, képhir, koumiss, lard, etc.). Le lard est toujours considéré dans certains pays comme le meilleur remède de la tuberculose. C'est ainsi que ce lien entre la tuberculose et l'alimentation grasse, expliqué par de récentes recherches, était depuis longtemps établi empiriquement par les remèdes populaires contre la tuberculose. Aujourd'hui, tous les traitements de sanatorium des malades tuberculeux reviennent à la suralimentation avec des graisses et des aliments gras, ce qui, il faut le supposer, augmente l'énergie lipolytique. D'ailleurs, il a été constaté plus d'une fois par les médecins que les individus qui digèrent mal les graisses sont plus exposés à la tuberculose (Bouchard, Dabelle et d'autres).

A côté des travaux qui témoignent de l'existence d'un rapport entre la tuberculose et l'échange des graisses dans l'organisme, il y en a beaucoup d'autres qui démontrent que,

1) Arch. Sc. Biol. Pétersbourg, t. XVII.

chez l'homme et même chez les animaux qui ne sont pas
complètement immunisés contre la tuberculose, il existe
quelques moyens de défense contre cette affection.

Ce n'est que l'existence de ces moyens de défense qui peut
expliquer la marche chronique de cette maladie et le grand
pourcentage des guérisons observées chez l'homme, surtout
en considérant non seulement les tuberculeux reconnus, mais
aussi tous ceux qui ont été infectés par la tuberculose (Ces
derniers, comme je l'indiquais, représentent la majorité).

L'un des premiers, Metchnikoff démontra que, chez les
taupes spermophiles qui se distinguent par une résistance
extraordinaire à la tuberculose, les bacilles tuberculeux sont
dévorés par des phagocytes et des cellules géantes, à l'intérieur desquels ils sont détruits.

Koch lui-même a constaté la destruction des bacilles tuberculeux dans le tissu nécrotisant et dans le pus des foyers
tuberculeux.

Dans cette dernière vingtaine d'années, toute une série
de travaux parus démontrent que les bacilles tuberculeux peuvent être détruits même dans l'organisme d'animaux
aussi sensibles que les cobayes (Markl, O. Bail, Kraus
Hofer, Bergel). Le fait que les bacilles tuberculeux ne se
trouvent pas habituellement dans le pus, a engagé bien des
savants à rechercher les principes qui détruisent et décomposent les bactéries, non dans le sang, mais dans le pus (1),
c'est-à-dire dans les globules sanguins blancs et dans les
organes hématopoiétiques. Il existe un grand nombre de
travaux de ce genre (Fontès, Bergel, Fiessinger et Marie,
Bartel, etc.). Fontès a étudié l'action des extraits préparés avec des ganglions tuberculeux de cobayes sur les bacilles tuberculeux. Il a établi alors que dans ces ganglions
tuberculeux existe une substance capable de détruire les
bacilles tuberculeux *in vitro*. D'après Fontès, ce principe
décompose également la cire tuberculeuse. Le résultat de
cette décomposition donne de l'acide palmitique et de l'acide
stéarique. Ce principe fait partie de la classe des ferments
(tuberculocirase). Presque en même temps que le travail de

<hr>

(1) *Biol. Zeitschr.*, **13**, 5, 1913

FONTES, parut celui de BERGEL, qui démontra que le ferment lipolytique décompose la cire et est précisément apporté dans le pus tuberculeux par des lymphocytes et des mononucléaires (1).

Il a démontré la présence d'une lipase identique dans le sérum et les exsudats obtenus après l'injection sous-cutanée d'une grande quantité de vieille tuberculine ou de bacilles tuberculeux. Que les globules sanguins blancs (2) contiennent divers liquides digestifs intracellulaires ou ferments, c'est aujourd'hui un fait indiscutable qui a été reconnu depuis les premiers travaux de METCHNIKOFF sur la phagocytose et la digestion intracellulaire.

Le mérite énorme de METCHNIKOFF, dans sa théorie de la phagocytose, consiste aussi en ceci que lui, le premier, a démontré l'importance de la digestion intracellulaire dans la vie de l'organisme. Aujourd'hui, il est démontré de plus en plus clairement que le rôle de la digestion intracellulaire prend une importance encore plus grande que ne le supposait METCHNIKOFF. Il se rapporte non seulement au processus inflammatoire et à l'immunité, mais aussi, en général, à la nutrition et à la répartition des principes nutritifs dans tout l'organisme.

Entre autres, ceci est indiqué par les études quantitatives des globules blancs après l'ingestion de divers aliments. Dans leur bel ouvrage « Les ferments digestifs des leucocytes », FIESSINGER et MARIE présentent à l'appui plusieurs expériences intéressantes. En nourrissant des cobayes pendant deux mois avec des blancs d'œufs, le nombre des polynucléaires ou microphages se trouve presque doublé, de 12.000 jusqu'à 28.000. En même temps, l'énergie protéolytique des globules blancs augmente considérablement. Ainsi les globules blancs paraissent s'adapter à une nourriture déterminée. Si l'on fait une injection sous-cutanée de blanc d'œuf, il se produit un afflux énorme de microphages. Le même

---

(1) *Münch. Med. Woch.* 109 et *Zeit. f. Tub.* B. **22**. 1914.

(2) On sait que METCHNIKOFF distingue 3 types principaux de globules blancs : les microphages (polynucléaires), les macrophages (grands mononucléaires) et les lymphocytes.

phénomène n'a pas lieu quand on fait des injections de graisses.

Quand on nourrit des animaux avec des graisses, c'est le nombre des lymphocytes et des macrophages qui augmente. L'injection de cire ou de graisse provoquait également l'apparition d'un grand nombre de lymphocytes et de macrophages (ERDELY, ROSENTHAL, FIESSINGER).

Toutes ces observations nous permettent de supposer qu'il existe chez les globules blancs une véritable *division du travail*. Les uns, les phagocytes (microphages) servent à digérer l'albumine, les autres, macrophages et lymphocytes, à digérer les graisses.

Ceci explique pourquoi, dans certains cas, le pus ou l'exsudat ne contient que des microphages ; dans d'autres cas, le pus contient une quantité énorme de macrophages et de lymphocytes, comme cela a lieu dans la tuberculose.

En ces derniers temps il a paru un grand nombre de travaux consacrés à l'étude des ferments intracellulaires des globules blancs (LEBER, ACHALME, FIESSINGER et MARIE, BERGEL, TCHERNORUZKI).

Il résulte de tous ces travaux que les microphages contiennent principalement les ferments nécessaires à la digestion des albumines, tandis que les macrophages renferment le ferment qui digère les graisses. Ce phénomène est tellement constant que, d'après FIESSINGER, il est toujours possible de déterminer, d'après le pus et ses ferments, s'il existe de l'infection tuberculeuse dans un cas donné.

Comme il est bien connu aujourd'hui, dans l'infection des animaux supérieurs (lapins, cobayes ou souris) par le bacille tuberculeux, on observe d'abord une phagocytose intense. Au début, tous les bacilles tuberculeux sont englobés par les microphages, qui ne contiennent pas, comme nous le savons, de ferment lipolytique pour digérer la membrane adipo-cireuse des bacilles tuberculeux. Étant incapables de les digérer, ils cèdent bientôt la place aux macrophages et lymphocytes. Il n'est pas rare d'observer à ce moment que les gros macrophages englobent les petits phagocytes, ou bien les microphages avec les bacilles tuberculeux qu'ils contiennent.

Ensuite, les macrophages se fixent dans les tissus (les poumons, le foie ou la rate) où ils forment ce qu'on appelle des tubercules.

L'examen microscopique a montré que les tubercules se composent d'une cellule géante contenant des bacilles tuberculeux, et d'une masse de cellules embryonnaires qui l'entourent. Ces cellules embryonnaires forment ensuite une membrane ou une capsule. La cellule géante et les bacilles tuberculeux qui sont à l'intérieur, régressent progressivement et paraissent être digérés.

Le processus de la convalescence ou de la guérison sera terminé quand tous les bacilles tuberculeux, englobés par les macrophages et les cellules géantes, seront enfermés, murés à l'intérieur de ces capsules. Comme les cellules des vertébrés ne sont pas adaptées à la digestion de la cire, le processus de la digestion des bacilles tuberculeux est très lent. Dans tous les cas où les cellules de l'organisme sont affaiblies, ne sont pas assez actives et sont incapables de lutter contre les parasites, les bacilles tuberculeux prennent le dessus, commencent à se multiplier considérablement, et l'organisme périt graduellement, en poursuivant la lutte jusqu'à la fin.

Nous voyons ainsi que, chez les animaux supérieurs et chez l'homme, le processus de la lutte contre l'infection tuberculeuse est à peu près le même que chez les chenilles : phagocytose, formation d'une cellule géante et emprisonnement des bacilles tuberculeux à l'intérieur de capsules.

La seule différence est dans la plus ou moins grande rapidité avec laquelle se forme le tubercule. Tandis que chez les mammifères le processus est lent, chronique, dure souvent des mois et des années, chez la chenille tout se passe très rapidement en quelques heures et jours.

Après l'étude qui précède, nous pouvons nous demander si la lutte contre la tuberculose serait possible et quelles voies et quels moyens permettraient de l'entreprendre.

Ce qui vient d'être exposé nous laisse constater avant tout que l'organisme humain est admirablement constitué pour la lutte contre la tuberculose.

Chez la plupart des individus infectés par la tuberculose,

cette maladie suit son cours si bénignement que, souvent, le malade lui-même ne s'en aperçoit pas.

Comme l'ont démontré de nombreuses observations et de nombreuses expériences sur des animaux et sur l'homme, le processus de la guérison de la tuberculose est dû à l'activité des cellules. De toutes les tentatives faites pour trouver dans les liquides et dans les sérums de l'organisme quelques bactériolysines et antitoxines tuberculeuses, aucune n'a réussi.

Voici pourquoi nous devons reconnaître que l'immunité antituberculeuse doit être une immunité cellulaire, qui s'effectue par l'activité des cellules.

C'est pour cela que tous les moyens qui peuvent fortifier les cellules, augmenter le nombre des phagocytes (surtout des macrophages et des lymphocytes) seront en même temps les meilleurs remèdes contre la tuberculose.

Quels sont donc les moyens qui fortifient la cellule ?

Avant tout, des conditions favorables d'existence : une bonne et abondante alimentation, le bon air de la campagne, un travail qui n'épuise pas, la tranquillité morale.

Comme nous l'avons vu ci-dessus, l'alimentation graisseuse augmente le nombre des macrophages et des lymphocytes, et augmente également l'énergie lipolytique du sang. C'est pour cette raison que l'on recommande aux tuberculeux une nourriture graisseuse abondante. Mais il faut agir graduellement et avec prudence. L'organisme humain est incapable de digérer une quantité illimitée de graisse. Il faut habituer progressivement l'organisme du malade à digérer de grandes quantités de graisse.

Les expériences exécutées dans cette voie, à Pétrograd par Pisniatchevsky et autres médecins, ont donné d'excellents résultats. Les malades étaient graduellement habitués à digérer de grandes quantités d'huile de foie de morue. Cela faisait augmenter l'énergie lipolytique du sang et améliorait en même temps l'état général du malade.

Cette voie a donné d'excellents résultats dans les sanatoriums. Mais peut-être y aurait-il une autre voie ? Ce serait la recherche de sérums curatifs et des remèdes spécifiques contre les bacilles tuberculeux. Malheureusement cette voie n'a pas encore conduit aux résultats attendus.

Comme il a été dit, les bacilles tuberculeux se font parasites et vivent à l'intérieur des cellules. Tous les principes et toutes les substances qui détruisent ou dissolvent les bacilles tuberculeux agissent encore plus énergiquement sur la cellule vivante. Il serait nécessaire de trouver un dissolvant qui agisse uniquement sur le bacille tuberculeux et son enveloppe cireuse, et qui soit en même temps inoffensif pour la cellule vivante.

Nous l'avons déjà dit, un tel ferment spécifique et dissolvant existe à l'intérieur des cellules de la mite des abeilles qui jouit d'une immunité remarquable contre la tuberculose.

La question qui se pose est de savoir obtenir ces ferments intracellulaires et de savoir s'en servir comme remède. Ce problème présente de grandes difficultés et ne peut être encore considéré comme étant résolu.

FACTEURS DE L'IMMUNITÉ

Pour étudier les facteurs de l'immunité chez les insectes, nous avons fait un très grand nombre d'expériences avec les microbes les plus variés et leurs toxines.

Nous avons essayé les microbes peu virulents et ceux qui sont extrêmement virulents, ainsi que les saprophytes et les parasites des insectes. Nous avons étudié les réactions de l'immunité, autant sur des frottis que sur des coupes.

Pour déterminer les anticorps, nous avons fait toutes les réactions nécessaires sur les agglutinines, les précipitines, les bactériolysines, les opsonines, de même que les réactions de Bordet et de Gengou.

Toutes ces expériences nous ont démontré que l'immunité naturelle se manifeste beaucoup mieux chez les insectes que chez beaucoup d'autres animaux et que les insectes sont plus adaptés et mieux armés dans leur lutte contre les microbes que même les animaux supérieurs.

Ils s'immunisent très facilement et très rapidement, mais cette immunité acquise n'est pas bien forte, comme on a pu le voir ; pourtant elle est suffisante pour garantir l'animal contre la pénétration des microbes dans la cavité de son corps.

Quelle est donc la voie et quels sont les moyens qui permettent d'acquérir cette immunité ? Existe-t-il des facteurs de l'immunité ? Si ces facteurs existent, où siègent-ils ? dans les humeurs ou dans les cellules ?

Nous basant sur de nombreuses expériences, nous pouvons dire que, chez les insectes comme chez la plupart des invertébrés, les anticorps jouent un rôle secondaire. Nous n'avons pu réussir à trouver dans le sang des insectes ni agglutinines, ni précipitines, ni opsonines, ni alexines, ni sensibilisatrices. L'unique anticorps que nous ayons pu observer dans quelques cas rares, c'est la bactériolysine. Nous avons pu en trouver particulièrement envers des microbes qui se désagrègent facilement, même dans des milieux nutritifs comme, par exemple, les vibrions cholériques (1). Des bactériolysines analogues ont été décrites par PAILLOT (2) chez certains insectes par rapport aux microbes qu'il avait isolés des chenilles malades.

Dans la plupart des cas d'immunité naturelle et acquise, nous n'avons pu trouver de bactériolysines spécifiques. Et pourtant les microbes injectés étaient éliminés du sang et détruits avec une extrême rapidité. Il n'y a pas de doute que le rôle principal dans la défense de l'organisme contre les microbes appartient à la réaction de défense des différentes cellules. La cellule vivante, voilà la cause et la source de l'immunité.

Nous pouvons dire que l'immunité est un résultat des réactions des cellules les plus diverses. Ces réactions n'étant pas volontaires, on peut dire qu'il se produit ici un réflexe interne. C'est un réflexe de défense qui se produit toujours quand des microbes ou quelque corps étranger pénètrent dans l'organisme.

Au début, ce sont les cellules mobiles qui réagissent. Les leucocytes sont, soit attirés, soit repoussés par les microbes et par leurs toxines (chimiotaxie positive ou négative).

Sous l'action d'un excitant, varient non seulement la quantité de telle ou telle espèce de cellules mobiles, mais aussi jusqu'à un certain point leur aspect extérieur et leur structure. Ce n'est pas seulement la cellule dans sa totalité qui réagit, mais ses parties constituantes, c'est-à-dire que le protoplasme et le noyau réagissent également. Dans certains cas, le protoplasme devient plus transparent ; dans d'autres, plus dense et plus opaque ; dans certains cas, le protoplasme devient vacuolaire, dans d'autres granuleux. Il se produit

---

(1) MÉTALNIKOV. *Ann. Institut Pasteur*, **37**, 1923, p. 528.
(2) PAILLOT. *Thèse Fac. Sciences Paris*, 1923.

des granulations des plus variées qui se comportent différemment vis-à-vis des substances colorantes. Le noyau même se modifie souvent aussi sous l'influence de quelque excitant.

Il est possible que la modification rapide de la formule leucocytaire et, surtout, l'apparition de leucocytes avec granulations diverses, que l'on observe après l'injection de microbes et de leurs toxines, s'expliquent principalement par les réactions du protoplasme et du noyau. Dans un grand nombre d'expériences, quinze à vingt minutes après l'injection de quelque substance, la formule leucocytaire variait brusquement. Il est difficile d'admettre la possibilité de la formation de nouvelles cellules dans un délai aussi bref ; il est plus vraisemblable de supposer que les cellules se modifient elles-mêmes sous l'influence de quelque excitant.

Il n'y a pas de doute que, dans tous les cas d'immunité naturelle et acquise, chez les insectes, le rôle principal appartient aux réactions de défense des cellules et des phagocytes. Dans les cas où la phagocytose se produit et où l'englobement et la digestion des microbes se font rapidement, l'animal surmonte avec succès l'infection et se rétablit. Mais si la phagocytose ne se produit pas du tout, ou si elle est très faible, si les phagocytes périssent sous l'action des toxines, l'infection se propage avec une vitesse extrême et l'animal meurt.

Nous n'avons pu que très rarement, même exceptionnellement, ne pas constater la phagocytose après avoir injecté les microbes. Parmi les microbes qui ne provoquaient point de réaction phagocytaire, se trouvent le *Bacterium galleriæ* n° 2 et les pneumocoques très virulents. Dans tous les autres cas, même lorsqu'on injectait des cultures très virulentes, la phagocytose se produisait avec une intensité plus ou moins grande.

La présence de la phagocytose n'est donc pas encore une garantie du rétablissement.

Nous avons constaté une phagocytose des plus intenses dans les infections mortelles. Par exemple, lorsqu'on injecte aux chenilles le charbon le plus virulent, la phagocytose se produit ; il se produit même la digestion de bactéries ; mais, finalement, les insectes périssent de septicémie, car les phagocytes ne sont pas capables de surmonter et de vaincre les bactéries. Lorsqu'on injecte des doses très faibles de ces mêmes bactéries, les phagocytes en viennent facilement à bout et l'animal guérit.

Beaucoup d'auteurs expliquent la virulence d'un microbe par l'absence de phagocytose. En certains cas c'est vrai, mais très souvent les microbes les plus virulents sont parfaitement absorbés par les phagocytes et la phagocytose dure même jusqu'au moment de la mort (1), l'organisme périssant quand même.

La destruction des cellules, ou cytolyse, ne représente pas toujours un processus pathologique. Nous avons souvent observé la destruction des cellules mobiles après des injections de substances inoffensives. Il est très vraisemblable que ce processus est normal et qu'il aide les cellules à réagir d'une façon déterminée contre l'introduction de diverses substances dans l'organisme. Grâce à ce processus, les ferments qui se forment dans la cellule sont libérés et pénètrent dans le sang ou dans la cavité du corps.

L'agglutination des leucocytes et la formation de plasmodes ou de cellules géantes est également une réaction des cellules, généralement observée après l'introduction dans l'organisme de substances étrangères.

Comme nous l'avons décrit déjà plus d'une fois dans nos travaux, l'injection de quelque substance ou de quelque microbe provoque une réaction déterminée de la part des différents éléments cellulaires que l'on trouve dans le sang des insectes. Quinze à trente minutes après l'injection, la formule cellulaire varie brusquement. Tandis que le nombre de phagocytes diminue rapidement, la quantité de lymphocytes, de proleucocytes et de cellules sphéruleuses augmente sensiblement en comparaison du sang normal.

Ces modifications, présentant des oscillations variées et très caractéristiques, durent généralement quelques jours

---

(1) Métalnikov, Phagocytose et réaction des cellules. *Annales de l'Institut Pasteur*, **38**. 1924.

(de cinq à dix jours) suivant la dose et la virulence de la culture injectée.

Toutes les réactions cellulaires sont plus ou moins spécifiques pour chaque espèce microbienne et pour chaque nouvel excitant introduit dans l'organisme. Autrement dit, tout microbe injecté provoque chez l'animal une série de réactions analogues. Il est évident qu'il n'existe pas d'analogie complète ; celle-ci ne peut même pas exister, vu que chaque individu présente des particularités personnelles qui le distinguent de tous les autres individus. Pourtant, on peut toujours observer certains caractères généraux typiques qui permettent de distinguer les réactions provoquées par l'émulsion de carmin de celles qui sont dues à l'injection de bacilles tuberculeux ou de vibrions cholériques.

Après l'immunisation, toutes ces réactions deviennent plus rapides, plus intenses, et, par conséquent, plus efficaces. On peut dire que toutes les cellules semblent devenir hypersensibles vis-à-vis du microbe donné. De ce point de vue, la modification de la sensibilité des cellules est la cause principale de l'immunisation et de l'immunité acquise.

La sensibilité est, comme on le sait, la propriété principale de tout organisme vivant. C'est ce critérium qui nous permet de distinguer la vie de la mort. Il n'y a pas de vie, ni de processus vitaux sans sensibilité.

La sensibilité est la propriété grâce à laquelle l'organisme réagit d'une façon déterminée à tout excitant. Plus l'organisme est sensible, plus sa réaction est forte ; il s'en défend d'autant mieux contre ses ennemis internes et externes.

C'est pour cette raison que, dans la vieillesse, lorsque la sensibilité diminue, l'organisme perd petit à petit sa faculté de résister aux différents parasites et périt rapidement à la plus légère infection.

CONCLUSIONS

Toutes les théories de l'immunité s'efforcent d'expliquer ce phénomène par l'existence de quelque facteur agissant à l'intérieur de l'organisme.

Les uns pensent, comme Pasteur, que ce facteur est l'épuisement du milieu devenu impropre à entretenir la vie du microbe, cause de la maladie.

D'autres, comme R. Koch, Baumgarten, Ziegler, Weigert, Behring, Pfeiffer, etc., voient la cause de l'immunité dans l'action bactéricide des humeurs de l'organisme (théories humorales).

D'autres encore considèrent, avec Metchnikoff et ses élèves, que le facteur principal de l'immunité est le phagocyte, cellule vivante qui englobe les microbes et les digère.

On se rappelle cette nouvelle guerre de Trente Ans que Metchnikoff et ses partisans ont soutenue avec tant de courage et avec chance variable contre les théories humorales qui avaient pour défenseurs tenaces les biologistes et les bactériologistes les plus éminents de la science allemande.

Cette lutte mémorable se termina par un compromis ou plutôt par un accord de deux conceptions qui semblaient jusque-là opposées et inconciliables. Le mérite de cet accord revient à un élève de Metchnikoff, Bordet, qui réussit à prouver l'existence de deux principes dans le sang des animaux immunisés : de la sensibilisatrice et de l'alexine.

Comme on le sait, l'alexine préexiste dans le sang et dans les humeurs de l'animal normal. La sensibilisatrice est un principe spécifique, ou *anticorps*, qui se forme dans le sang de l'animal immunisé. L'action combinée de ces deux principes provoque l'hémolyse et la bactériolyse.

Cette théorie des deux principes, basée tout d'abord sur les travaux célèbres de Bordet, fut ensuite généralisée et étendue à tous les phénomènes de l'immunité.

Les sensibilisatrices ont été trouvées dans un grand nombre de maladies, mais leur rôle dans l'immunité n'en est pas moins resté problématique jusqu'à ce jour.

Comme on le sait, Bordet ne nie pas l'importance de la phagocytose, surtout dans les cas d'immunité naturelle. Il pense toutefois que, dans l'immunité acquise, ce sont les anticorps spécifiques qui jouent le rôle principal. Cette façon de voir est actuellement partagée par la plupart des bactériologistes et des biologistes.

Tandis que les uns attribuent la plus grande importance, dans l'immunité, à la phagocytose, les autres considèrent comme facteur principal de l'immunité, et particulièrement de l'immunité acquise, les différents anticorps.

Malheureusement, toutes les théories actuelles de l'immunité ont été construites particulièrement sur les études des phénomènes de l'immunité chez les animaux supérieurs possédant le sang et un système compliqué d'organes.

Cependant l'immunité, comme dans son temps l'a justement signalé Metchnikoff, est un caractère propre à tous les animaux et même aux végétaux.

Pour expliquer l'immunité, facteur biologique général, il faut construire une théorie telle qu'elle explique non seulement l'immunité d'un ou de deux groupes animaux, mais aussi l'immunité, caractère commun à tous les organismes vivants.

Dans les chapitres précédents, nous avons essayé d'étudier l'immunité en tant que réaction de défense de l'organisme.

Les réactions de défense ne sont, au fond, que le résultat d'une propriété commune à tous les êtres vivants, qu'on appelle l'instinct de conservation.

L'instinct de conservation pousse l'organisme vivant à lutter pour son existence, à éviter les conditions défavorables, à trouver et même à choisir les conditions les plus favorables, à s'adapter, à se cacher de ses ennemis et à défendre son corps contre la quantité innombrable de parasites externes et internes. A côté de réactions de défense externes, il se produit, chez tous les organismes vivants, des réactions de défense internes particulières, au moment où un microbe ou un parasite pénètre à l'intérieur du corps.

C'est uniquement grâce à cet instinct et à la propriété que possèdent les organismes vivants de réagir conformément au but dans leur lutte contre des conditions défavorables et des ennemis innombrables que la vie existe sur la terre. On ne peut pas s'imaginer la vie sans cet instinct et sans les réactions de défense. C'est le caractère essentiel et principal des organismes vivants. On le constate non seulement chez tous les animaux pluricellulaires supérieurs et inférieurs, mais également chez tous les organismes unicellulaires les plus simples et jusqu'aux microbes les plus petits.

Les organismes les plus simples, tels que les microbes, possèdent leur immunité, c'est-à-dire la propriété de se défendre contre des ennemis et contre des conditions défavorables.

Pour se défendre contre les phagocytes, les microbes ayant pénétré dans l'organisme animal sécrètent souvent diverses substances toxiques qui détruisent ou repoussent les phagocytes. Certains microbes se forment des enveloppes ou capsules glaireuses qui empêchent leur englobement par ces phagocytes. Enfin, de nombreux microbes, se trouvant dans des conditions défavorables, sont capables de former des spores qui présentent une résistance extraordinaire. Toutes ces réactions sont des réactions de défense, cause de l'immunité des microbes à l'égard des organismes à l'intérieur desquels ils mènent leur vie parasitaire.

De l'autre côté, l'organisme lui-même se défend contre les microbes en produisant toute une série de réactions de défense qui sont à la base de l'immunité naturelle et acquise.

De nombreux biologistes et bactériologistes interprètent l'immunité comme une adaptation ou une accoutumance progressive au virus ou à sa toxine. Cette interprétation a amené PASTEUR et d'autres savants à la découverte de différentes méthodes d'immunisation.

En effet, une telle immunité existe. Les cellules vivantes, les microbes, de même que tout autre organisme vivant, peuvent s'adapter facilement aux différentes conditions défavorables et s'accoutumer aux substances toxiques, surtout si l'adaptation se produit progressivement. Il est bien connu que l'on peut habituer progressivement les infusoires et autres organismes inférieurs à supporter des doses mortelles d'alcool et de divers poisons, de même que des températures élevées, etc. On fait la même constatation chez tous les autres organismes vivants. C'est une sorte d'*immunité d'adaptation*.

Mais il en existe une autre : l'*immunité de défense*. Cette dernière immunité ne semble présenter que peu de rapports avec celle de l'adaptation. On peut même dire qu'elle a pour base des principes tout à fait différents. L'immunité d'adaptation est basée sur la perte de sensibilité de la cellule vivante envers une certaine dose de poison ou de toxines. L'immunité de défense est basée, au contraire, sur l'augmentation de sensibilité de la cellule, c'est-à-dire sur la faculté qu'ont les cellules de réagir, de lutter plus activement contre les microbes et les parasites ayant pénétré dans l'organisme.

Les réactions défensives des cellules peuvent être externes ou internes.

Les réactions externes se produisent quand quelque microbe ou quelque substance excitante tombe sur les muqueuses de l'œil, du nez, de la gorge, de l'intestin. Les cellules réagissent en sécrétant du mucus et en se contractant (éternuement, toux, mouvements péristaltiques des intestins, etc.), ce qui contribue à éloigner de l'organisme la substance excitante. Elles se produisent quand un microbe ou une substance étrangère pénètrent à l'intérieur de l'organisme (sous la peau, dans le sang, dans une cavité du corps ou dans un organe). Tout organisme vivant représente un système harmonique complexe. L'introduction de quelque corps étranger dans ce système, en quantité la plus minime, doit provoquer la réaction de tout le système, de l'organisme tout entier. Ce ne sont pas seulement les cellules libres du sang, ni le tissu réticulo-endothélial, qui réagissent, mais toutes les cellules et tous les tissus de l'organisme réagissent plus ou moins.

Tandis que chez les animaux inférieurs prédominent particulièrement l'immunité passive et l'immunité d'adaptation, chez les animaux à organisation plus élevée, c'est l'immunité active, c'est-à-dire les réactions de défense des cellules, qui prennent le dessus.

En comparant les invertébrés aux vertébrés, on constate qu'il n'y a pas, en principe, de différence de moyens et de méthodes de défense contre les microbes. La défense de l'organisme se réalise dans les deux cas, grâce à l'activité de différentes cellules et se réduit à trois méthodes principales :

1° Destruction des microbes, par digestion intracellulaire (phagocytose) ou destruction en dehors des cellules dans les humeurs de l'organisme (bactériolyse). Ce dernier processus est assez rare.

2° Isolement des microbes ou du virus à l'intérieur de l'organisme. Nous avons généralement observé ce moyen de défense dans les cas où le virus, ou quelque corps étranger, présente une grande résistance et ne peut pas être rapidement digéré par les ferments intracellulaires. Dans ces cas, on constate généralement une formation de cellules géantes et d'une capsule en tissu conjonctif qui les entoure.

3° L'élimination des microbes de l'organisme se réalise essentiellement par une formation de furoncles ou d'abcès. Dans ces cas, le virus n'est isolé que de trois côtés pour empêcher la pénétration des microbes à l'intérieur des organes ; au quatrième côté, il se produit une ouverture permettant l'élimination des microbes de l'organisme avec le pus.

L'élimination du flegme des poumons ou des glaires purulentes du nez, de la gorge, des voies sexuelles, représente, au fond, un processus analogue.

Tout dépend donc de l'énergie et de la rapidité avec lesquelles agissent les cellules de l'organisme dans la lutte contre les microbes.

Comme nous l'avons vu, les phagocytes apparaissent les premiers sur le champ de bataille, autant chez les invertébrés que chez les vertébrés (polynucléaires). C'est une véritable armée, prête à tout moment à se précipiter sur l'ennemi.

Ces cellules n'offrent pas, malheureusement, de grande résistance et se désagrègent rapidement. Plus tard apparaissent, en grande quantité, sur ce champ de bataille, les monocytes et les mésolymphocytes qui sont plus résistants que les leucocytes. Ces cellules peuvent apparemment se former sur place, à partir des cellules réticulo-endothéliales et conjonctives (1). En dernier lieu apparaissent en grand nombre les lymphocytes qui jouent certainement un rôle important dans l'immunité. Chez les insectes, les cellules dites sphéruleuses apparaissent en grande quantité ; leur importance dans le processus de l'immunité n'est pas encore étudiée.

Dans les réactions de l'immunité, particulièrement chez les vertébrés, apparaissent de plus, en grande quantité, des cellules présentant des granulations variées (éosinophiles, basophiles, etc.).

Pour comprendre et pour interpréter l'immunité, il faut étudier en détail toutes ces réactions de défense des différentes cellules de l'organisme ; il faut étudier les lois de leur activité, de même que l'influence des autres organes, des humeurs de l'organisme et surtout du système nerveux.

En nous basant sur un très grand nombre de travaux effectués tant sur les vertébrés que sur les invertébrés, nous sommes en droit d'affirmer que toutes les réactions cellulaires deviennent, après immunisation, plus rapides, plus énergiques et plus efficaces. On peut dire que toutes les cellules paraissent plus sensibles envers un microbe donné. De ce point de vue, l'immunisation est une mobilisation des diverses cellules et des tissus (particulièrement des tissus réticulo-endothéliaux). C'est cette sensibilité renforcée (hypersensibilité) des cellules qui semble être la cause principale de l'immunisation et de l'immunité acquise.

Actuellement nous pouvons considérer comme parfaite-

---

(1) Ce fait a été prouvé pour la première fois par MAXIMOV pour les vertébrés. Quant à la formation des globules sanguins chez les invertébrés, particulièrement chez les insectes, cette question n'est pas encore élucidée.

ment prouvé le fait que les cellules sont capables de s'immuniser. Il faut citer les travaux de PETTERSON et SALIMBENI qui ont réussi à démontrer que les phagocytes des animaux immunisés, injectés à un animal normal, lui donnent l'immunité (1). D'autre part, nous avons les travaux de MARGINESU, METTERMEYER et CARRA (2) qui prouvent que les phagocytes des animaux immunisés possèdent un plus fort pouvoir phagocytaire et une plus forte résistance aux toxines que ceux des animaux normaux.

Tous ces travaux, ainsi que beaucoup d'autres que nous ne mentionnons pas ici, confirment notre hypothèse que, dans l'immunisation, il se produit une sorte d'hypersensibilisation des cellules de l'organisme et même des cellules musculaires.

Tous ces faits nous montrent que les cellules de l'organisme immunisé avec un microbe ou une substance albuminoïde hétérogène ont été modifiées de telle sorte qu'elles vont réagir avec plus d'intensité à l'introduction de cet antigène. On peut dire que, pendant l'immunisation, toutes les cellules se mobilisent contre les microbes ou l'antigène donné comme s'il s'agissait pour elles de combattre un véritable ennemi. Si cet antigène ennemi réapparaît dans l'organisme, les phagocytes se précipitent avec une grande rapidité sur lui. Toutes les autres cellules réagissent aussi. Il se produit une réaction inflammatoire, une suppuration, un abcès. Toutes ces réactions sont très utiles en elles-mêmes pour l'organisme, car elles empêchent la pénétration des microbes dans le sang et dans les cavités du corps.

Plus les cellules sont sensibles, plus elles réagissent activement pour défendre l'organisme.

L'activité cellulaire peut être renforcée par l'exercice, par la stimulation et par l'immunisation. L'apparition des substances défensives ou des anticorps dans les humeurs est un

(1) PETTERSON. *Centr. f. Bacter.*, **42**, 1906, p. 56 ; SALIMBENI, *Ann. Institut Pasteur*, **23**, 1909, p. 558.

(2) MARGINESU. *Acad. Fisioer. in Sienna*, 1921 ; METTERMEYER, *C. f. Bacter.*, **93**, 1924, p. 240 ; CARRA, *Zeit f. Immun.*, **39**, 1924.

phénomène secondaire que nous trouvons surtout chez les animaux supérieurs.

Cette combinaison de l'immunité cellulaire et humorale représente la forme parfaite de l'immunité, forme qui, malheureusement, n'existe qu'assez rarement.

TABLE DES MATIÈRES

Avant-propos 1

I. — Observations biologiques 3

II. — Structure des organes digestifs 10

III. — Nutrition des chenilles. 15

IV. — Digestion 27

V. — Immunité naturelle envers les microbes et les toxines . 31

VI. — Immunité acquise 45

VII. — Phénomènes de bactériolyse 53

VIII. — Phagocytose et réactions des cellules dans l'immunité . 60

IX. — Influence du système nerveux sur l'immunisation . . 92

X. — Hérédité de l'immunité acquise 96

XI. — Anaphylaxie et immunité. 99

XII. — Tuberculose 112

XIII. — Facteurs de l'immunité 127

XIV. — Conclusions 132

LAVAL. — IMPRIMERIE BARNÉOUD.